彩图1 清 余穉《花鸟图册页》其一
绢本设色，纵37.6厘米，横325厘米
故宫博物院藏
（图片引自《故宫画谱·草虫》，故宫出版社，2018年）

莲的种植历史悠久，有关莲的最早文字记载见于3000年前的《诗经·郑风》"隰有荷华"，荷华即荷花。从东周时期，种莲日盛，至唐代白莲种植日益普遍。中晚唐以降，咏白莲的诗文日益增多，后世也多见对红莲、白莲的描绘，清代余穉这幅《花鸟图册页》中红白莲花交相呼应。

彩图 2 清 光绪粉彩荷花吸杯
高 6.4 厘米，口长 15.1 厘米，口宽 13.1 厘米
湖北省博物馆藏
（作者拍摄）

　　光绪粉彩荷花吸杯造型为一朵娇艳的荷花，花梗中空，杯中的酒可以从梗中流出。淡绿的花梗上用墨彩竖写楷书"光绪三十四年安徽太湖附近秋操纪念杯"，因此该杯又称"粉彩秋操杯"。清光绪年间为检验新军编练成果，先后进行了三次大规模的秋季军事操练，史称"晚清三大秋操"，此杯为第三次安徽"太湖秋操"的纪念杯。唐宋诗文中多有"碧筒饮"的记载，晚清距唐虽年代久远，但"碧筒饮"的古意延绵不断，精致的荷花杯可使人遥想昔日历城一众宾客的风致与畅快。

彩图 3　明　山西汾阳圣母庙正殿北壁壁画《燕乐图》（局部）

（图片引自《山西古代壁画珍品典藏·卷五·明代》，山西经济出版社，2016 年）

　　圣母庙正殿北壁壁画《燕乐图》（局部）东侧《尚食图》中三位侍女在准备食物。一位侍女蹲于炉前，一手持扇，一手疏通炉火；一位侍女在炉旁温酒；还有一位侍女对着剖开的瓜若有所思，旁边的器具中放置着采摘下来的荷花与荷叶，当是作为备食的材料。

彩图4 隋 莫高窟第314窟（窟顶）
莲花缠枝化生纹藻井
（图片引自《敦煌石窟全集13·图案卷（上）》，商务印书馆，2003年）

　　窟顶方井宽大，井中央绘重瓣大莲花。莲花四面各绘一莲花摩尼宝。四角绘莲花化生童子，以缠枝环绕串联。颜色以红色和青金石蓝色二色为主，热烈而华贵。

彩图 5　明　五彩鱼藻纹盖罐

通高 33.2 厘米，口径 19.5 厘米，足径 24.1 厘米

故宫博物院藏

（图片引自《故宫博物院藏文物珍品全集·五彩·斗彩》，商务印书馆，1999 年）

明嘉靖时期是五彩瓷快速发展的时期。该件五彩鱼藻纹盖罐，在器物腹部及罐盖周沿一圈皆绘鱼藻纹。腹部八尾红色鲤鱼姿态各异，鳞鳍清晰，陪衬以莲花、莲叶、水草、浮萍，色彩丰富，灵动活泼。罐盖面绘璎珞纹，中心置火焰纹宝珠纽，罐身最下处绘一圈蕉叶纹，罐底署青花楷书"大明嘉靖年制"双行六字款。

彩图6　明　文殊满池娇金满冠

长 11 厘米，宽 8.6 厘米，重 70 克

四川平武明代王玺家族墓王文渊夫人墓出土

四川省文物考古研究院藏

（图片引自《四川平武土司遗珍》，文物出版社，2018 年）

　　"分心"是一种明代妇女所用的发饰，属于簪钗中的大件。该分心整体呈"山"字形，正面中部饰一道栏杆，上部为文殊菩萨坐于狮背；栏杆下部为荷塘纹，共有五朵莲花，两片莲叶，茨菰、水草若干，即"满池娇"。

彩图 7 唐 榆林窟第 25 窟南壁《观无量寿经变》莲花化生童子
（图片引自《敦煌石窟艺术·榆林窟第二五窟附第一王窟（中唐）》，
江苏美术出版社，1993 年）

南壁观无量寿经画面右下角绘几身莲花化生童子，本图三个画面从左往右依次是：

画面一：宝池的碧波间，一朵莲苞中端坐一名童子，双手合十，静等花开。

画面二：一片大莲叶上端坐一名童子，伸手似乎要把水中的另一名童子也拉到莲叶上。

画面三：一名童子一头扎到水中好似在摸水中鱼虾，只露出胖胖的屁股在外面，旁边的一名童子紧张地扒着栏杆回首观看。

彩图 8 清 《鱼龙变化》（贡尖）
版印笔绘，纵 61 厘米，横 105 厘米
天津杨柳青荣昌画店
（天津王树村民间美术研究中心提供图片）

《鱼龙变化》画面上一个笑容满面的胖娃娃跨在一条大鲤鱼上，画面右上角一条青龙于云气内露出头、爪。画面背景为碧波涟涟的荷塘，数朵莲花，粉嫩娇艳，莲叶翠盖覆水。画名为"鱼龙变化"，即"鱼"化为"龙"，寓意以后人生将要出人头地，飞黄腾达。"莲"与"鱼"组合取"连年有余"谐音。

中国莲的历史与文化

邢莉莉　著

中国广播影视出版社

图书在版编目（CIP）数据

中国莲的历史与文化 / 邢莉莉著 . -- 北京：中国
广播影视出版社，2023.12
ISBN 978-7-5043-9171-1

Ⅰ.①中… Ⅱ.①邢… Ⅲ.①莲—文化研究—中国
Ⅳ.① S682.32

中国国家版本馆 CIP 数据核字 (2023) 第 247247 号

中国莲的历史与文化

邢莉莉　著

责任编辑	王　萱　胡欣怡
责任校对	马延郡
装帧设计	马　佳

出版发行	中国广播影视出版社
电　　话	010-86093580　010-86093583
社　　址	北京市西城区真武庙二条 9 号
邮　　编	100045
网　　址	www.crtp.com.cn
电子信箱	crtp8@sina.com

经　　销	全国各地新华书店
印　　刷	三河市龙大印装有限公司

开　　本	710 毫米 × 1000 毫米　1/16
字　　数	113（千）字
印　　张	9.75
版　　次	2024 年 2 月第 1 版　2024 年 2 月第 1 次印刷

书　　号	ISBN 978-7-5043-9171-1
定　　价	58.00 元

目　录

小
引

　　人类历史上，花在各个文明中都扮演了重要的角色。我们对花最直接的认识是，它是观赏的对象、食物的直接来源，也可以是植物繁衍的标志。不过除此之外，在各个文明中，都会有一些特殊的花，凝结着丰富的文化内涵，这些花可以成为自然崇拜的象征，可以影响到文学艺术的内容和形式，也可以承载宗教的教理教义。在中国文化中，"莲"便扮演着这样重要的角色。从寻常的衣食住行到雅致的文学艺术；从细微的情感神思到精深的宗教哲学；从布衣百姓、绮纨显贵到冠冕帝王，中国人的文化中随处可以觅得莲的影子。莲文化的形成在中国是一个历时性的过程，也是丰富的多元文化共同构成的结果。在历史的起伏流变中，莲与中国文化美丽伴行，折射出中国文化的诸多特质，是华夏文明的一个重要面相。

　　本书回溯中国莲文化形成的历史，展现莲文化多元的面貌，以期提供理解中国历史文化的一个视角。书中的内容包括莲文化历史性的梳理、莲的"君子"意蕴、莲的文学意蕴、莲的艺术意向四个方面，并从这四个方面展现莲文化的内涵意蕴、物质和精神形式、表现方式等。本书的叙述不仅借助文字，也注重采用图像。对文字的重视是历史叙述中一以贯之的特点，其重要性毋庸置疑。对图像来讲，当前图像证史的观点已广为接受，人们可以通过图像再现和理解往昔。当然，我们从图像获得的不仅是知识，还有感性的体悟和视觉的愉悦，莲文化的历史是与审美紧密联系在一起的，图像是莲的历史和文化的一部分，是参与建构莲文化和历史的重要因素。身处"读图时代"，人们对图像具备了前所未有的接受和理解程度，图像也为人们提供了一个广阔而有趣的阐释空间，图像的运用使本书多少带有了"图说"的性质。

一、群美兼得——中国『莲』的历史

　　莲，"学名 Nelumbo nucifera，睡莲科（Nymphaeaceae）莲属宿根水生植物。又名荷花、荷、水芙蓉等"[1]。莲属植物是目前世界上已知的最早的被子植物种属，它和水杉、银杏、中国鹅掌楸、北美红杉等属于未被冰川吞噬而幸存的孑遗植物。古植物学家研究证明，在一亿二千五百万年以前，北半球的许多水域就有莲属植物的分布。那时候，地球上的气温比现在温暖，正值巨型爬行动物恐龙急剧减少的后期。随着后冰期（Ice Age）来临，诸多植物灭绝，莲属植物中的众多种群消失，留存至今的仅有两种：一种是分布在亚洲和大洋洲的中国莲（Nelumbo nucifera），另一种是分布在北美洲的美洲黄莲（Nelumbo lutea）。中国莲的分布中心是中国，在中国境内分布很广，东至沿海，南到海南，西达天山，北临黑龙江。可以说在中国，凡有水之处必有莲。[2] 在中国，莲的品种资源极为丰富，仅武汉荷花研究中心就保存有三百多个品种。[3]

　　莲在中国古代有着丰富的称谓，莲又称荷、芙蓉、芰荷、芙蕖、水芝等。莲的不同部位也有着不同的命名，成书于战国至西汉之际的《尔雅》是我国的"辞书之祖"，它保留了先秦时期的诸多古词义，该书对莲的不同部位有着不同的命名："荷，芙蕖。其茎茄，其叶蕸，其本蔤；其华菡萏；其实莲；其根藕，其中的；的中薏。"两晋时期郭璞对《尔雅》的注疏，可以使我们更好地理解这些关于荷的称谓。"其本蔤"，郭璞解释指的是"茎下白蒻在泥中者"[4]，这里的"白蒻"是我们现在所说的"藕带"，或称"藕鞭"，是莲的幼嫩根状茎，它与藕是同源器官。条

① 中国大百科全书·农业卷 I [M]. 北京：中国大百科全书出版社，1992：533.

② 张行言，王其超. 荷花 [M]. 上海：上海科学技术出版社，1998：11.

③ 王其超.20年中国荷花科技进步的回顾 [J]. 花木盆景（花卉园艺），1999(6)：4-5.

④ 尔雅 [M]. 郭璞，注；王世伟，校点. 上海：上海古籍出版社，2015：135.

件适宜时，藕带膨大后就会成为藕，因此清代高士奇《天禄识余》讲道："白蒻，藕也。"并解释蒻就是草木"白嫩堪食"的部位。对《尔雅》中所说的"其中的"，郭璞解释道"莲中子也"，也就是莲子；而"的中薏"则是"中心苦"，也就是莲子心。"菡萏"则是指含苞待放的莲花。莲在古代茎、叶、本、花、实、根各具其名，"草一物而名备者，莫如莲"①。从古人对莲各部分细致地区分与解释之中，可窥见人们对莲的熟悉与利用程度、关注与喜爱之情。莲充分地进入了人们的生活中，从夏日的花，到结出的果实，剥出的芯，再到秋日的藕，在时光的流转中，莲变化着形态伴随着人们的生活。

今天，无论是考古出土的实物、吉光片羽的历史文献，还是文士留下的深情歌咏、画家留下的妙笔丹青，都向我们展现了中国莲文化历时性的、不断丰富的过程。

（一）先秦及秦汉

在中国文化中，莲的历史可以上溯到十分久远的时期。史前时代，莲作为食物出现在人们的生活中。1972 年，考古学家对郑州北郊大河村新石器时代仰韶文化遗址进行发掘，发现了装在陶罐里的两粒已经碳化了的莲子。考古学家在大河村遗址中发现了丰富的考古学信息，因此两粒莲子可以被置于史前人的生活中去理解，而不仅是孤立的实物遗存。大河村遗址的中部有一条西南—东北流向的古河道横贯而过，史前时代为了获得水源，人们多近水而居。人们在遗址的红烧土块上发现了

---

① 杨延龄.杨公笔录 [M]// 朱易安，傅璇琮，戴建国，等.全宋笔记.郑州：大象出版社，2003：137.

水生植物芦苇的印痕，确认了新石器时代的大河村遗址确实是邻近水源①，遗址中发现的莲子和芦苇应当就是来自贯穿期间的河流中。大河村遗址发现了不少的房屋基址，像这样保存较好的房基，在此前的新石器遗址中还是很少见的。经过对木炭标本的测定，可知这些房基的年代为距今 5040 年 ±100 年（公元前 3075 年 ±100 年）。莲子发现于一个被考古学家命名为 F1 的房基中。房基 F1 是一个大约二十平方米的长方形，屋内有烧火台和火池，有石器和骨器，还有完整的能复原的陶器十余件，这些都是房子主人遗留下的生活用具和生产用具。②两粒莲子发现于其中一件陶罐中，与两粒莲子装在一起的还有一些碳化的粮食，它们都是当时人的食物遗存。③

仰韶时代的大河村人已有了原始农业，同时延续着采摘活动。春种秋收的生活使他们在水边定居下来，莲子是水中采摘所得。在史前艰难的生活条件下，清甜鲜美的莲子是房基 F1 的主人可获取的难得的绝味佳肴，并且莲子耐储存，房子的主人可以将之与谷物类作为"存粮"一同放在陶罐中，由此两粒莲子得以幸运地保存至今，也把我们对莲的历史溯源引领到史前时代。由房基 F1 内的烧火台、火池和陶器可想见，莲子这时是可以被熟食的，通过加热，莲子可以变化出新的口感和味道，莲的饮食、烹饪文化可能也得以兴起。

需要指出的是，大河村遗址发现的仰韶时期的一块彩陶陶片上还绘制有莲蓬纹样（图 1-1），纹样采用莲蓬侧面的形态，描绘得稚拙而生

---

① 郑州市文物考古研究所. 郑州大河村：上 [M]. 北京：科学出版社，2001：5.

② 郑州市文物考古研究所. 郑州大河村：上 [M]. 北京：科学出版社，2001：167，169.

③ 陈立信. 郑州大河村仰韶文化的房基遗址 [J]. 考古，1973(6)：330-336，397-399.

动。^①当生产力发展到一定程度的时候，便会萌生出审美活动。莲蓬之所以成为仰韶时期大河村人绘画表现的对象，除了莲蓬自身的形态美感外，更重要的原因是史前时代人们以实用为导向，莲蓬可提供食物，由此人们将之作为审美关注和表现的对象。饮食是人类最初的本能需要，饮食也是孕育多元文化的源头，史前先民在采摘、食用莲子的同时，对莲的生长习性、生存环境、形貌特点会日益熟悉，积累丰富的感性认识，审美意识和丰富的莲文化至此也将逐渐延展开来。

图 1-1　仰韵时代　莲蓬彩陶纹饰
河南郑州大河村仰韶文化遗址出土
（图片引自《郑州大河村（上）》，科学出版社，2001 年）

　　仰韵时代莲蓬彩陶纹饰是我们目前所见最早的莲图像。莲蓬取侧面造型，形象特征突出，搭配半圆形纹和树形纹组成图案。陶片纹饰中的点、线、面组合富于变化，又和谐统一，这一时期的审美意识和造型能力已达到一定水平。

　　商周时期，人们对莲的利用已由采摘食用野生莲，发展到人工栽培。种莲、采莲、食莲已然成风。《周书》描述："薮泽已竭，即莲藕掘。"当秋风渐弱，一池清波退去之时，人们将蛰伏于池底淤泥之中的莲藕拔出，于是这大自然的馈赠便可化作人们的箸下佳肴。这一阶段，莲的审美价值也日益为人所重视，相传春秋时期吴王夫差在太湖之滨的

---

① 郑州市文物考古研究所 . 郑州大河村：上 [M]. 北京：科学出版社，2001：191.

灵岩山（今江苏吴县）离宫修建"玩花池"，在池中移植野生红莲，供宠妃西施游玩观赏，成为园林种植莲的源头。在这则记述中，莲与夫差、西施这两位中国文化中著名的人物重合、镶嵌叙述在一起，莲便不仅是自然之物，还是融入中国的历史人文叙述之中，并由之折射出迷离炫目的人文光泽。

在中国文学的两大源头——先秦的《诗经》和《楚辞》中也出现了莲的身影。《诗经·陈风·泽陂》中写道："彼泽之陂，有蒲与荷……彼泽之陂，有蒲菡萏。"意思是池塘边的堤岸上有蒲草、荷叶、荷花。《诗经·郑风·山有扶苏》中写道："山有扶苏，隰有荷华。"意思是山上有茂盛的树木，低洼的湿地有荷花。这两首诗皆是以莲为起兴之笔，用以描写爱情。《诗经》的语言简洁朴素，四字一句，叙述得淡然直白，但意蕴独具。久远的时光使《诗经》中的莲具有高古而悠远的意蕴。蓦然回首历史深处，似可见莲孑然遗世，独立于那无何有之乡。同样是先秦文学作品，《楚辞》中的莲花却呈现另一种风致。屈原在《离骚》中写道："制芰荷以为衣兮，集芙蓉以为裳。"这是以莲为衣裳；《九歌·湘君》中写道："采薜荔兮水中，搴芙蓉兮木末"（图 1-2）；《九歌·湘夫人》中写道："筑室兮水中，葺之兮荷盖……芷葺兮荷屋，缭之兮杜衡。"这是以莲为屋；《九歌·河伯》中写道："乘水车兮荷盖。"这是以莲饰车。在屈原的笔下，莲代表着孤芳高洁的志向、理想的人格，莲不仅具有"比兴"的含义，还有"比德"的含义，这一写作手法也深远地影响着后世的文学艺术。

图 1-2　明　陈洪绶《离骚图·湘君》
木刻版画，纵 19 厘米，横 13 厘米
（图片引自《古版画丛刊·离骚图》，河南美术出版社，2016 年）

　　《离骚图》是明代画家陈洪绶创作的一套木刻版画，其中《湘君》
一幅，描绘湘君手持长柄莲花，清新脱俗，用以体现屈原《九歌·湘
君》中"采薜荔兮水中，搴芙蓉兮木末"一句。

　　考古材料还为我们保留了先秦时期的莲花图像。洛阳烧沟汉墓出土
的春秋时彩绘豆盖的把手上、湖北江陵雨台山楚墓出土的战国时漆豆的
豆足上、山西长治分水岭 126 号墓出土的战国铜镜（图 1-3）上均有莲
花纹饰。研究者认为这些图像表征中国传统的"天"的含义，是宇宙时
空特征的视觉呈现。①

————————

① 林巳奈夫. 中国古代莲花的象征（一）[J]. 蔡凤书，译. 文物季刊，1999(3)：
　　78-95.

图 1-3　战国　蟠螭纹铜镜
直径 10.9 厘米
山西长治分水岭 126 号墓出土　山西博物院藏
（作者拍摄）

蟠螭纹铜镜背面纹饰，外圈为蟠螭纹，内圈是以镜钮为中心的六瓣莲花纹。

秦汉时期，历史文献为我们保留了关于莲的更丰富的信息。汉代，莲成为皇家园林中重要的景观。《史记》记载汉武帝在长安城以西建造规模宏大的建章宫，在其北侧开凿太液池，"中有蓬莱、方丈、瀛洲，象海中神山龟鱼之属。"①《三辅黄图》引《庙记》记载，太液池"周回十顷，有采莲女鸣鹤之舟"。汉成帝常以秋日"与飞燕戏于太液池，以沙棠木为舟……以云母饰于鹢首，一名云舟。又刻大桐木为虬龙，雕饰如真，以夹云舟而行。以紫桂为柂枻，及观云棹水，玩撷菱蕖"②。可知太液池中种植莲花，皇帝与嫔妃乘雕饰华丽的云舟龙船，仿照民间采撷莲花，采莲成了太液池帝王游乐的一个项目。后世历代宫廷御池也多沿

① 司马迁.史记·孝武本纪 [M].北京：中华书局，1982：482.

② 何清谷.三辅黄图校释·池沼 [M].北京：中华书局，2005：264.

用"太液"这一名称，甚至"太液"二字演化为富贵奢华的象征，"太液莲花"也成了经典的审美意向。

《三辅黄图》还记载汉昭帝在始元元年（前86）修建了琳池，"穿琳池，广千步。池南起桂台以望远。东引太液之水，池中植分枝荷，一茎四叶，状如骈盖，日照则叶低荫根，若葵之卫足也，名曰低光荷。实如玄珠，可以饰，花叶虽萎，芬馥之气彻十余里，食之令人口气常香，益脉治病。宫人贵之，每游燕出入，必皆含嚼，或剪以为衣，或折以蔽日，以为戏弄。"[1]汉昭帝修建琳池，培育莲的新品种，名为"低光荷"。莲叶新奇，"一茎四叶，状如骈盖"，日照则低垂；莲子如"玄珠"；花叶芬芳，"气彻十余里。"宫廷之中对这种莲的运用是全方位的，观赏、佩戴、食用、蔽日，还模仿《楚辞》以莲为衣。

除了文献中的莲外，考古材料还提供了汉代莲的实物。湖南长沙的马王堆汉墓是西汉初期长沙国丞相、轪侯利苍的家族墓地，其中一号墓的墓主是利苍的妻子辛追。1972年，考古学对这座墓葬进行发掘时，在一件云纹漆鼎中，意外地发现了保存完整的藕片，但由于藕内部纤维已溶解，出土后因震动和接触空气，旋即消失。幸运的是，当时拍摄的照片（图1-4）记录下了藕片刚出土时的情形，虽历经千年，但照片中藕片的形状竟依然清晰可见，着实令人震惊！长沙马王堆一号汉墓随葬食材的丰富程度，让人咋舌，由此可见当年贵族饮食的豪华程度，而藕也一定是当年轪侯家奢华饮食的重要组成部分，更是利苍夫人眷恋的味道，因此才会将之带入地下世界，以供继续享用。

在汉代，莲除了能提供美食外，其蕴含的食疗价值也已经被人们所认识。我国本草药物的源头之作，成书于汉代的《神农本草经》就记载了莲的食疗价值。该书将本草分为上、中、下三品，"上药"为君，"主

---

[1] 何清谷. 三辅黄图校释·池沼 [M]. 北京：中华书局，2005：273.

养命以应天。无毒，多服、久服不伤人。"① 藕实茎在该书被列为上药，其特点是"味甘，平。主补中，养神，益气力、除百疾。久服轻身耐老，不饥延年。"② 莲藕生水中，夏天生长，冬天休眠，味甘，性平，养神，益气力，适用于食疗，时至今日我们依然延续着对莲藕的这一认识。

图 1-4　西汉　马王堆一号汉墓出土的藕片
（图片引自《长沙马王堆一号汉墓》，文物出版社，1973 年）

　　说起汉代莲的时候，很多人头脑中会映现出一首汉乐府《江南》："江南可采莲，莲叶何田田。鱼戏莲叶间。鱼戏莲叶东，鱼戏莲叶西，鱼戏莲叶南，鱼戏莲叶北。"这些文字虽然无法展示实物遗存，也不能提供济世的良方，却将汉代人与莲鲜活的活动场景映现在我们的头脑中。除了文字之外，十分难得的是汉代的绘画为我们保留了采莲的视觉场景。图 1-5 是出土于四川什邡的一方东汉画像砖的拓片。画像砖是一

---

① 神农本草经 [M]. 北京：中国医药科技出版社，2018：2.
② 神农本草经 [M]. 北京：中国医药科技出版社，2018：24.

种雕刻有图像的砖，主要用于墓室建筑，流行于两汉时期。汉代四川的画像砖相较于其他地区，最大的特色是富于生活气息。其他地区的画像砖多表现神灵鬼怪、历史故事等，而四川则加入了对平凡的世俗生活的表现，如庖厨宴饮、对弈舞蹈、渔猎采桑、制盐酿酒等。出土于四川什邡的这方农事画像砖是这一特点的典型代表。画面分为左、右两个部分，左边描绘田间的农事劳作，右边描绘池中的采莲活动。池中分布着莲花、莲蓬、莲叶、鹤、鱼。莲叶大小、正侧、舒卷各不相同，灵活多变，摇曳生姿。莲花的花瓣以线条表现，简洁清丽。画面上部一叶渔舟轻荡水面，舟内两人对坐，右边的人划桨，左边的人一手举莲花，一手指向前方，二人似在对谈。画面再现了汉代朴素的农事采莲活动，散发着清新明快的趣味。诗和画虽然是两种不同的艺术语言，但诗歌《江南》与《农事画像砖》二者相得益彰，联璧为我们展示了汉代人与莲、万物自然的和美关系。

图1-5 东汉 《农事画像砖》
高 25.6 厘米，宽 43.5 厘米
四川省什邡市南泉乡出土 四川省什邡市文管所藏
（图片引自《中国美术分类全集·中国画像砖全集·四川汉画像砖》，
四川美术出版社，2006 年）

汉代的莲花图像除了出现于画像砖外，还出现于画像石、墓室壁画、铜镜等中。例如，山东嘉祥宋山祠堂顶部第29石，刻画八瓣莲花纹；河南密县打虎亭汉墓壁画墓券顶上有藻井莲花；湖南长沙出土的"鎏金中国大宁博局纹镜"镜背钮座装饰莲花纹。这些莲花图像显示，在佛教传入之前，中国已经形成相对固定的造型模式，体现了本土的宇宙时空观念和哲学思想。"中国本土的莲花母题具有'十'字型宇宙空间的意象特征，与长期以来古代中国所关注的'天象'有关。从时间范围看，汉代的莲花纹继承了先秦莲花母题的形式与设计理念，同时，又受到'天人合一''阴阳五行'哲学观的影响。"[①]

（二）魏晋南北朝及隋唐

魏晋南北朝时期，由于中外文化交流密切，南北交往频繁，莲的种植技术和种植范围不断扩大，产生了许多新的品种。魏晋南北朝之前，莲的品种均为单瓣型红莲，与野莲相似。西晋以后，产生了重瓣和多瓣的莲花。西晋崔豹《古今注》中"芙蓉，一名荷华，华之最秀异者也。大者华百叶"，描绘的就是重瓣莲花。北魏贾思勰的农学著作《齐民要术》中详尽记载了莲的繁殖方法。书中提到当时莲的繁殖方法有两种：一种是"种藕法"，即"春初，掘藕根节头，着鱼池泥中种之，当年即有莲花"[②]；另一种是"种莲子法"，即"八月、九月中，收莲子坚黑者，于瓦上磨莲子头，令皮薄。取瑾土作熟泥，封之，如三指大，长二寸，使蒂头平重，磨处尖锐。泥干时，掷于池中；重头沉下，自然周正。皮薄易生，少时即出。其不磨时，皮即坚厚，仓卒不能生也"[③]。意思是八、

---

① 兰芳. 汉画像莲花纹的意向探源 [J]. 艺术设计研究，2021(5)：96.

② 贾思勰. 齐民要术·养鱼第六十一 [M]. 北京：中华书局，2015：767.

③ 贾思勰. 齐民要术·养鱼第六十一 [M]. 北京：中华书局，2015：768.

九月时，取老莲子，在瓦上把莲子皮磨薄，用黏土做的泥，把莲子封在里面，让莲子蒂的一头平而且重，另一头磨尖锐。等泥干透了，扔进池塘里，因为蒂头重，自然会位置周正地沉到泥里。又因为皮被磨薄，所以用不了多久就可以发芽；如果不磨的话，皮又硬又厚，就不会很快发芽。由此可知，当时莲的栽培技术已经十分成熟了。

魏晋南北朝时期，无论是在南方还是北方，莲的种植都蔚然成风。在南朝的都城建康，分布着大片种植莲的良田，并且园林之中也大兴种植莲花之风。莲遍及皇家苑囿、豪门贵族园林、私人庄园，乃至寺院园林。在北方，北魏杨衒之《洛阳伽蓝记》记载洛阳的贵族豪门出于对佛教的虔诚信仰，"舍宅为寺"，将自己的宅邸捐赠给寺院，这使得洛阳城中的私家园林变为寺院园林。例如，河间王元琛"舍宅为寺"，其园林中"沟渎蹇产，石磴礁嶢，朱荷出池，绿萍浮水，飞梁跨阁，高树出云"①。在古代，寺院园林不仅是专门的宗教场所，还是为数不多的可以向公众开放的公共园林。《洛阳伽蓝记》记载宝光寺园内"咸池"中"葭菼被岸，菱荷覆水，青松翠竹，罗生其旁。京邑士子，至于良辰美日，休沐告归，征友命朋，来游此寺。雷车接轸，羽盖成阴。或置酒林泉，题诗花圃，折藕浮瓜，以为兴适"②。寺院园林作为一个难得的公共空间，京城士人、百姓可以在此欣赏到精致华丽的荷塘景致，亦可带动社会的赏莲之风。

魏晋南北朝时期，莲不仅可以栽培于湖塘之中，还可以盆栽、瓮栽于家中。东晋王羲之的《东书堂帖》中写道："荷花想已残，处此过四

---

① 杨衒之.洛阳伽蓝记校注·城西·河间寺[M].范祥雍，校注.上海：上海古籍出版社，2018：209.

② 杨衒之.洛阳伽蓝记校注·城西·宝光寺[M].范祥雍，校注.上海：上海古籍出版社，2018：199.

夏，到彼亦屡，而独不见其盛时，是亦可讶，岂亦有缘耶？敝宇今岁植得千叶者数盆，亦便发花，相继不绝，今已开二十余枝矣，颇有可观，恨不与长者同赏。相望虽不远，披对邈未可期，伏缺可胜怅惘耶！"这是对盆栽莲的最早记载。王羲之家种的几盆千叶莲，相继开花，现在已经开了二十多枝了，煞是可爱！不过遗憾的是不能与相悦的朋友一起欣赏，二人虽然距离并不遥远，但相会的时日遥不可期，只能写书信一封，但这惆怅也不是书信能够排解的啊！文人雅士于家中植莲，以眼前景致，小中见大，领略到景外之景，化景物为情思。

　　在魏晋南北朝时，莲不仅有精致、清丽的一面，同时还有朴厚、务实的一面。北魏贾思勰的《齐民要术》一书，具有重农惠民的务实思想，重视作物的实用价值。对花草的态度，贾思勰在《齐民要术》的自序中写道："花草之流，可以悦目，徒有春华，而无秋实，匹诸浮伪，盖不足存。"[1]认为花草不能解决百姓的民生问题，华而不实，因此不做记述，然而书中不止一处记述了莲，原因是莲具有的补于民生、施惠于民的宝贵实用价值。《齐民要术》提倡种莲，因为莲子"俭岁资此，足度荒年"，在饥荒之年可以帮百姓度日。书中详细地记载了食藕的方法——蒸藕法："水和稻穰糠，揩令净，斫去节，与蜜灌孔里使满。溲苏面，封下头。蒸熟。除面，泻去蜜，削去皮，以刀截，奠之。"[2]意思是用水和稻穰、稻糠，把藕洗干净，将藕孔里灌满蜜汁，用酥油面封住下头，蒸熟，切段食用。令我们惊讶的是，这种食藕的方法一直流传至今，与今天"蜜汁莲藕"的做法如出一辙。

　　魏晋南北朝时，对莲文化影响最大的事件是佛教的传播。佛教在东汉末年传入中国，到魏晋南北朝时进入繁荣期。佛教视莲花为圣花，是

---

① 　贾思勰. 齐民要术·序 [M]. 北京：中华书局，2015：19.

② 　贾思勰. 齐民要术·蒸缹法第七十七 [M]. 北京：中华书局，2015：1042.

佛法的象征。随着佛教的传播，莲花"淤泥不能污其体"的特性已经进入中国传统文化之中。魏晋南北朝，在爱莲之风以及佛教繁荣的影响下，赏莲、咏莲活动在社会上层流行，莲题材大量出现在诗歌、绘画、雕塑、工艺美术等各种文学艺术门类中。佛教是一个注重用图像来宣扬教理教义的宗教，魏晋南北朝至隋唐是中国佛教艺术的繁荣期，敦煌、云冈、龙门等众多石窟被营建，莲出现在石窟的壁画、雕塑、藻井等各处，呈现出多姿多彩、美轮美奂的形态。中国古代花卉图像中，莲花依托于佛教艺术，无论在数量上，还是丰富性上，都冠绝于其他花卉。

　　魏晋南北朝时期也是中国历史上中外交流、民族融合的繁盛期。莲也被不同的民族所喜爱，成为文化交流和融合的象征。河南博物院所藏一件北齐的黄釉扁壶（图1-6）是这一历史状况的实物见证。该壶1971年出土于河南安阳洪河屯北齐骠骑大将军范粹墓中。该壶壶体扁平，模仿了游牧民族的皮囊，壶两肩各有一穿带用系孔如立耳，系带后可用于汲水，也便于携带，适宜游牧民族或商旅、军队使用。壶身模印乐舞图案，图中五人皆为胡人，身着窄袖圆领长衫，或窄袖翻领长衫，腰间系宽带，头带胡帽，高鼻深目。中间一人，左足脚尖立于莲台之上，旋转舞姿，跳的是当时风靡的"胡腾舞"，该舞起源于中亚石国。唐诗中对胡腾舞的描绘："石国胡儿人见少，蹲舞尊前急如鸟。织成蕃帽虚顶尖，细氎胡衫双袖小。""横笛琵琶遍头促"可以与之对应。五人之上为忍冬纹样，壶口有联珠纹样。忍冬纹源于希腊，联珠纹是波斯萨珊王朝流行的纹饰，这两种纹饰在西亚和中亚流行，随丝绸之路传入中原。这件黄釉扁壶是东西方多元文化交融的产物，在文化交流的众多图像元素中，莲是其中重要的一元。

图 1-6　北齐　黄釉扁壶
高 19.5 厘米，口径 6.4 厘米
1971 年河南安阳范粹墓出土　河南省博物馆藏
（图片引自《中国美术全集 36 工艺美术编·陶瓷（上）》，
人民美术出版社，2014 年）

　　莲插花在魏晋南北朝开始出现，这一做法源自佛教传统。唐代长安，公私园林种莲已属普遍，并有太液池、曲江池等以莲为特色的园林。韩愈有"曲江荷花盖十里"之句，是对曲江池莲花之盛的描绘，曲江池是长安的公共园林空间，唐代帝王贵胄、文人士子、普通百姓皆可游览曲江池，莲也融入了长安各阶层的社会生活之中。唐代的莲，还传到日本。唐朝扬州大明寺住持鉴真法师应日本僧人邀请，先后六次东渡，最终在天宝十三年（754）抵达日本，他带去了大量的书籍、器物，以及包括莲子在内的许多植物种子。鉴真在奈良主持建造了唐招提寺，在寺中种植了带来的莲种。1979 年，日本奈良招提寺将在寺内栽培了 1200 多年的"唐招提寺莲"和"唐招提寺青莲"回赠中国，如今这些莲被栽种于鉴真法师曾担任住持的扬州大明寺内。

　　唐代，莲的种类增加。唐代之前，莲一般多为红莲，西晋以后开始出现白莲，但白莲的普遍种植是从唐代开始的。五代时王仁裕的《开元天宝遗事》写道："明皇秋八月，太液池有千叶白莲数枝盛开，帝与贵戚宴赏焉。"① 记载了唐玄宗时宫廷种植的重瓣白莲。中唐诗人白居易深爱白莲，在其被贬为江州（今江西九江）司马时，于江南曾种植白莲。在给友人元稹的书信中，白居易自述："仆去年秋，始游庐仆去年秋，始游庐山，到东西二林间、香炉峰下，见云水泉石，胜绝第一，爱不能舍，因置草堂。前有乔松十数株，修竹千余竿，青萝为墙援，白石为桥道，流水周于舍下，飞泉落于檐间，红榴白莲，罗生池砌。"② 白居易在庐山的香炉峰下建草堂，种植松竹，在池塘内栽培白莲。白居易身处偏远的贬谪之地，构筑一方小天地，恍若世外桃源，抚慰胸中块垒，栽种的松、竹、白莲皆有君子之喻，也是自己志向的写照。此后，白居易又在杭州、苏州任刺史。在离任苏州刺史时，白居易将白莲由江南带到北方洛阳，他在《种白莲》诗中说："吴中白藕洛中栽，莫恋江南花懒开。万里携归尔知否，红蕉朱槿不将来。"诗中表达了诗人种下江南莲藕，翘首企盼花开的心情。白居易《看采莲》中写道："小桃闲上小莲船，半采红莲半白莲。不似江南恶风浪，芙蓉池在卧床前。"唐代的采莲船上，已经不只有红莲，而是红、白两色交相呼应。中晚唐描写白莲的诗作日渐增多，如李德裕、皮日休、陆龟蒙等均有歌咏白莲的诗作，可见白莲种植渐盛，爱白莲者日众。

隋唐时期，莲的繁殖技艺进一步提高。明代俞宗本托名唐代郭橐驼的《种树书》中记载了丰富的种莲技巧："初春掘藕节、藕头著泥中

---

① 王仁裕等 . 开元天宝遗事（外七种）[M]. 丁如明等，校点 . 上海：上海古籍出版社，2012：25.

② 白居易 . 与微之书 [M]// 钦定四库全书荟要·白氏长庆集：卷四十五 . 长春：吉林出版集团有限责任公司，2005：517.

种之，当年著花。以莲菂投靛瓮中，经年后移种，发碧花。种莲需先以羊粪壤地，于立夏前两三日种，当年便著花，又法用五月二十日移，深种，莲柄长者以竹杖挟之，无不活者。种藕以酒糟涂之，则盛。"①书中讲到可以用藕节、藕头而无须用整枝地下茎便可进行莲的繁殖，这样可节省大量种源，这种繁殖方法至今仍行之有效。还可以将莲子投入瓮中，一年后进行移植。种莲的土壤可以用羊粪施肥，在立夏前的两三天种植，如果用酒糟涂藕的话，种出来的莲就会很茂盛。唐代还流行在池、盆、缸、碗中栽培莲花以供观赏。诗人韩愈曾作《盆池》诗："莫道盆池作不成，藕稍初种已齐生。从今有雨君须记，来听萧萧打叶声。"在诗人那里，植一盆莲，便可借得一片天地，疏影几茎，让人脑海中映射出湖光山色，因荷听雨，也是赏莲者的一大乐事。盆栽莲可以让人更为方便地亲近自然，陶冶性情，这也是数千年来中国人一直喜欢植盆莲的原因所在。宋代黄休复《茅亭客话》记载五代西蜀处士滕昌祐的园圃"有一盆池，云初埋大盆致细土，拌细切生葱、酒糟各少许，深二尺余，以水渍之，候春初掘取藕根粗者，和颠三节已上四五茎，无令伤损，埋入深泥，令近盆底，才及春分，叶生，当年有花"②。对盆莲的种植技术有着细致描绘。

唐代莲插花之风已从供佛延伸至世俗生活，我们可以在唐代昭陵长乐公主墓壁画见到图像例证。长乐公主为唐太宗李世民第五女，生母为长孙皇后，贞观十七年（643）去世，葬昭陵。长乐公主墓室甬道东壁描绘数位持物侍女，其中一名侍女上着绿披帛、下着条纹裙，手捧鼓腹

---

① 郭橐驼. 种树书 [M]// 古今图书集成·博物汇编·草木典. 上海：上海文艺出版社，1998.

② 黄休复. 茅亭客话（卷八）[M]// 钱易，黄休复. 南部新书茅亭客话. 尚成，李梦生，校点. 上海：上海古籍出版社，2012：136.

撇口的长颈瓶，瓶中插着一枝小巧的绿色莲蓬和一茎含苞的红莲，玲珑可爱。① 唐代贵族墓葬的做法是以墓室代表墓主人生前的居室，墓室中的人物、什物是墓主人生前现实生活的写照。由长乐公主墓室壁画可推知，莲插花已经出现于唐代贵族生活之中。唐五代女子还将莲花簪于发鬓上，传为唐代周昉的《簪花仕女图》（图 1-7）体现了这一风尚。

图 1-7　唐　周昉《簪花仕女图》（局部）
绢本设色，纵 46 厘米，横 180 厘米
辽宁省博物馆藏
（图片引自《中国美术全集·绘画编 2·隋唐五代绘画》，
人民美术出版社，1984 年）

贵族女子于春夏之交赏花游园之场景，其中一女子头梳高髻，插大朵莲花。现代有研究者根据南唐后主李煜的大周后"创为高髻纤裳首翘鬓朵之妆，人皆效之"的历史记载，认为该画应作于五代十国时的南唐。

唐代与莲相关的饮食方法也丰富多样，除"蒸藕法"之外，还流行生食，藕粉的制作方法也开始出现在文献记载中。唐末韩鄂《四时纂要》记载："作诸粉，藕不限多少，净洗，捣取浓汁，生布滤，澄取粉。"当时把藕加工成粉的技术已经成熟，该书还记载了藕粉的功效：

① 陈志谦 . 唐昭陵长乐公主墓 [J]. 文博，1988(3)：10-30，97-101.

"补益去疾，不可名言。又不防备厨馔。"① 始于魏正始年间的"碧筒饮"在唐代颇为流行。唐代段成式在《酉阳杂俎》中记载："历城（今济南）北有使君林，魏正始中郑公悫，三伏之际，每率宾僚避暑于此。取大莲叶置砚格上，盛酒三升，以簪刺叶，令与茎柄通，屈茎上轮菌如象鼻，传吸之，名为碧筒杯。历下学之，言酒味杂莲气，香冷胜于水。"② 这就是在唐宋文士间传为美谈的"碧筒饮"。大明湖荷花盛开之际，一些官吏、文人常到湖边避暑，他们把湖中的大莲叶割下来，盛上美酒，然后用簪子将莲叶的中心部分刺开，使之与空心的荷茎相通，人从荷茎的末端吸饮。用来盛酒的荷叶，就称为"荷杯""荷盏""碧筒杯"，其滋味"酒味杂莲香，香冷胜于水"，诚为酷暑中绝妙佳品。"碧筒饮"使得节令、风雅、美味齐备。唐宋之际，文人多好此道，"碧筒饮"屡见于古代诗文之中。

（三）宋、元、明、清以来

宋代以来，由于经济和商业发展、文化繁荣、生活方式改变等因素，莲文化继续发展的同时呈现出诸多新貌。这一时期，莲的品种快速增加，种植方法多样，北宋陶穀《清异录》记载了长安莲藕"玉臂龙"是一种体形硕大的莲藕，而北方的莲藕"省事三"，只有三孔，因此而得名。③ 宋代宋祁《益部方物略记》记载蜀地有一种"朝日莲"："花色或黄或白，叶浮水上，翠厚而泽，形如菱花，差大，开则随日所在，日

① 韩鄂.四时纂要校释[M].缪启愉，校释.北京：农业出版社，1981：201.

② 段成式.酉阳杂俎[M].曹中孚，校点.上海：上海古籍出版社，2019：39.

③ 陶穀.《清异录》[M]// 蒋延锡.草木典（上）.上海：上海文艺出版社，1998.

入辄敛而自藏于叶下，若葵藿倾太阳之比。"[1] 北宋人还记载："投莲的于靛瓮中经年，植之则花碧，用栀子水渍之则花黄。元祐中，畿县民家池中生碧莲数朵，盖用此数。"[2] 把莲置于靛瓮中，经过一年种出来的花为"碧色"，如果用黄色的栀子水泡过，则花是黄色。北宋元祐年间，普通百姓家即用此法种出"碧莲"。明代王世懋《学圃杂疏》中讲道："莲花种最多，唯苏州府学前种，叶如伞盖，茎长丈许，花大而红，结房曰百子莲，此最宜种大池中。旧又见黄、白二种，黄名佳，却微淡黄耳。千叶白莲，亦未为奇，有一种碧台莲，大佳，花白而瓣上恒滴一翠点，房之上复抽绿叶，似花非花，余尝种之，摘取瓶中以为西方供。近于南都李鸿胪所复得一种，曰锦边莲，蒂绿花白，作蕊时绿苞已微界一线红矣，开时千叶，每叶俱似胭脂染边，真奇种也。余将以配碧台莲，凳二池对种，亦可置大缸中，为几前之玩。若所谓并头、品字、四面观音，名愈奇愈不足观切，勿种。"[3] 王世懋在这段文字中记载了让人眼花缭乱的莲花品种。苏州府学前有百子莲，其花、叶皆硕大。王世懋还见过微微淡黄的黄莲，千叶白莲。还有一种碧台莲，白花上有翠点。南京李鸿胪住所有白花红边的锦边莲。文中还提到了四面观音莲。

宋代以来，公私园林之中依旧大量种植莲花，并发展出了新的栽种方法。明代吴彦匡《花史》记载，南宋乾道年间"宋孝宗于池中种红、白荷花万柄，以瓦盆别种，分列水底，时易新者，以为美观"[4]。这是一种将盆栽莲花沉水造景的新的栽培方法，这一方法可以使莲适应更为多

---

[1] 宋祁. 益部方物略记 [M]// 沈士竜，胡震亨，校订. 上海：上海文艺出版社，1998.

[2] 彭乘. 续墨客挥犀 [M]// 赵令畤，彭乘. 侯鲭录·墨客挥犀·续墨客挥犀. 北京：中华书局出版社，2002：486.

[3] 王世懋. 学圃杂疏 [M]. 济南：齐鲁书社，1995：141.

[4] 吴彦匡. 花史 [M]// 蒋廷锡. 草木典. 上海：上海文艺出版社，1998.

元的观赏要求，满足不同环境、不同图案要求。此外，莲花已不仅种植在园林、都城之中，还用于街景的布置。北宋东京汴梁，从宣德门到南薰门的御街，又称天街，宽达二百余步。御街两旁安有朱漆杈，其内以砖石砌成两条御沟，"尽植莲荷，近岸植桃、梨、杏、杂花相间，春夏之间，望之如绣"。御沟内种植莲花，配之以桃、梨、杏树，春夏之际，花团锦簇，美不胜收。汴京以莲来美化城市街景，可谓是莲栽培史上的一大创举。

莲作为清供陈设广泛进入人们的居家环境中，形成了盆莲、瓶莲、缸莲、碗莲等多样的种植和观赏方式。明代高濂《遵生八笺》记种盆莲之法说："老莲子装入鸡卵壳内，将纸糊好，开孔，与母鸡混众子中同伏，候雏出取开，收起莲子。先以天门冬为末，和羊毛角屑拌泥，安盆底，种莲子在内，勿令水干，则生叶，开花如钱大，可爱。"[1] 清代沈复《浮生六记》记载："以老莲子磨薄两头，入蛋壳，使鸡翼之，俟雏成取出，用久年燕巢泥加天门冬十分之二，捣烂拌匀，植于小器中，灌以河水，晒以朝阳，花发大如酒杯，叶缩如碗口，亭亭可爱。"[2] 这两部书中记载的种植方法相近，都是将老莲子装入蛋壳之中，混于蛋中让母鸡孵化，然后再用燕巢的泥、天门冬粉末、羊毛角屑和泥种植于小器皿中，开出来的莲花如同杯口或者铜钱那么大，莲叶如碗口那么大，显得小巧而可爱。清嘉庆年间，我国第一部莲花专著《缸荷谱》问世，它也描述了在江浙一带流行的"粉花尖瓣小白莲""小水红"等碗莲品种。

唐代以后，由于居室陈设由凭几和坐席为中心变为以高坐具的桌椅为中心，加之文人文化、市民文化的发展，莲花插瓶兴盛起来，并在明清达到极盛。北宋温革的《分门琐碎录》中记载了鲜花插瓶的各种知识，

---

① 高濂. 遵生八笺 [M]. 杭州：浙江古籍出版社，2017：674.
② 沈复. 浮生六记 [M]. 赵苕狂，考. 北京：人民文学出版社，1980：19.

其中讲"瓶内养荷花，先将花到之，灌水令满，急插瓶中，则久而不蔫。或先以花入瓶，然后注水，其花亦开。莲花未开者，先将竹针十字卷之，白汁出，然后插瓶中便开。或削针去柄，簪于瓶中"[①]。可见当时插莲花经验丰富，也可见古人爱花、惜花、悉心呵护之情。明清时期刊印了很多关于莲插花的图书以及图像，当时莲插花应用于各个阶层中，满足了多样的功能需求。

图 1-8　宋　佚名《桐荫玩月》局部
绢本设色，纵 24 厘米，横 17.5 厘米
故宫博物院藏
（图片引自《宋人画册》，浙江人民美术出版社，2016 年）

夏日，庭院回廊下三盆荷花，娇然盛开，堂间一粉衫女子执扇伫立，玲珑望月。花好月圆夜，纨扇在怀，应是安然和美的好时节。

宋代以来，莲对饮食来讲已不仅限于果腹、养生，要求不仅尽善，还要尽美。这时以莲入食向着多样化和精细化两个维度同时发展，莲可以入食的部位已不限于藕和莲子，花、叶、茎均被利用。北宋陶穀《清

---

① 化振红．《分门琐碎录》校注 [M]．成都：巴蜀书社，2008：113.

异录·馔羞》载："郭进家能做莲花饼馅，有十五隔者，每隔有一折枝莲花，做十五色。自云周世宗有故宫婢流落，因受顾于家，婢女言宫中人号蕊押宝。"①郭进家以莲花做饼，配以花朵装饰，并呈现十五种颜色。在滋味之外，追求视觉上的惊艳，技艺上的巧夺天工。据称这一做法是由宫女自后周宫廷中带出，并有一个风雅的名字"蕊押宝"。南宋林洪《山家清供》记载以莲花入羹："采芙蓉花，去心、蒂，汤瀹之，同豆腐煮。红白交错，恍如雪霁之霞，名'雪霞羹'。加胡椒、姜，亦可也。"②红莲花与豆腐制成汤羹，红白交错的色彩为其最大亮点，取了一个颇富诗意的名字"雪霞羹"。南宋还流行以荷叶增添食物香味的做法。宋末元初文人周密在《武林记事》中记载了南宋都城临安有五十多种蒸食，其中就包括荷叶饼，应当是以荷叶包裹饼蒸食，荷叶虽不可食，但具有清香之气，并可为佳肴增香。明代山西汾阳圣母庙正殿北壁壁画中描绘有"尚食"场景，在准备的食材中即包含着莲花与莲叶，应当是用之以佐食材色香。

　　莲与茶、酒等饮品也发生着碰撞和交流。出现了莲花茶、莲子茶、莲心茶等。清代沈复《浮生六记》记载："夏月荷花初开时，晚含而晓放，芸用小纱囊撮茶叶少许，置花心，明早取出，烹天泉水泡之，香韵尤绝。"③夏季，莲花初开时，都是夜晚含苞而拂晓开放。傍晚用小纱袋包上一点茶叶，放到莲蕊里，第二天早晨取出来，用泉水烹煮沏泡，茶水的香味绝佳！在酿酒方面，明清时候有一种名为"莲花白"的白酒。明人高濂《遵生八笺》中记载了以莲花制曲之法："莲花三斤，白面

---

① 陶毅. 清异录 [M]// 陶毅，吴淑. 清异录·江淮异人录. 上海：上海古籍出版社，2012：104.

② 林洪. 山家清供 [M]. 北京：中华书局，2013：144.

③ 沈复. 浮生六记 [M]. 赵苕狂，考. 北京：人民文学出版社，1980：24.

一百五十两，绿豆三斗，粳米三斗，俱磨为末，川椒八两，如常法造踏。"①
由此法酿造的莲花白酒，称为"莲花白"。清代慈禧太后也喜欢"莲花
白"，《清稗类钞》记载："瀛台种荷万柄，青盘翠盖，一望无涯。孝钦
后每令小阉采其蕊，加药料，制为佳酿，名莲花白。注于瓷器，上盖黄
云缎袱，以赏亲信之臣。其味清醇，玉液琼浆，不能过也。"②文中的"孝
钦后"即是慈禧太后，当南海瀛台莲花盛开之际，慈禧太后命令宫中小
太监采其花蕊，加药材，制成味道清醇的莲花白，赏赐亲信大臣。

饮食之外，莲在医疗养生方面的价值也被进一步挖掘。李时珍《本
草纲目》详述莲各部分的药用价值及其性味、主治和调制之法，称莲
"根茎花实，凡品难同；清净济用，群美兼得……医家取为服食，百病
可却"。认为莲子"味甘气温而性啬，禀清芳之气，得稼穑之味，乃脾
之果也"。莲藕"主治热渴，散留血，生肌。久服令人心欢，止怒止泄，
消食解毒，及病后干渴……生食，治霍乱后虚渴。蒸食，甚补五脏，实
下焦"。莲子心"苦、寒，无毒……主治血渴，产后渴，生研末，米饮
服二钱，立愈"。莲蕊须，又称佛座须，"主治清心通肾，固精气，乌须
发，悦颜色，益血，止血崩、吐血。"莲花"气味苦、甘、温，无毒……
镇心益色、驻颜轻身"。莲房"莲蓬壳陈久者良……气味苦，涩，温，
无毒，主治破血"。荷叶"主治止渴，落胞破血，治产后口干，心肺躁烦"。③

① 高濂.遵生八笺[M].杭州：浙江古籍出版社，2017：825.
② 徐珂.清稗类钞[M].北京：中华书局，1986：6321.
③ 李时珍.本草纲目[M].北京：人民卫生出版社，1999：1556–1561.

图 1-9　明清　陈洪绶、华嵒《西园雅集图》

绢本设色，纵 41.7 厘米，横 429 厘米

故宫博物院藏

（图片引自《陈洪绶全集 3》，天津人民美术出版社，2012 年）

西园是北宋英宗时期驸马都尉王诜的宅邸。元祐元年（1086）春，王诜邀请苏轼、苏辙、黄庭坚、米芾、李公麟、晁补之、张耒、秦观等 16 位当时最负盛名的文人于西园雅集，并由米芾为之作记，李公麟为之作《西园雅集图》，此次雅集成为称颂千古的文坛佳话。明清时期有多位画家以此为题，作《西园雅集图》。此幅《西园雅集图》为明代画家陈洪绶绘制，清代画家华嵒补笔。所谓"雅集"并非为简单集会，而是有着丰富的内涵，正如南宋赵希鹄《洞天清禄集》中所说，"罗列布置，篆香居中佳客玉立相映。时取古人妙迹以观，鸟篆蜗书，奇峰远水，摩挲钟鼎，亲见周商。端研涌岩泉，焦桐鸣玉佩，不知身居人世，所谓受用清福，孰有逾此者乎？是境也，阆苑瑶池未必是过。"画面园林山水间，文士舐墨欲书，书案上放置钟彝古器，一圆腹大瓶中插置数茎莲花。大瓶为仿古青铜器造型，雍容古雅，古人常以插置莲花，宋代洪咨夔《夏初临·铁瓮栽荷》词中"铁瓮栽荷，铜彝种菊"可为一图证。

图 1-10 清 佚名《胤禛美人图》

纵 184 厘米，横 98 厘米

故宫博物院藏

（图片引自《故宫博物院藏清代宫廷绘画》，文物出版社，1992 年）

画中展示了宫廷女子与莲相伴的静谧时光。夜色清凉如水，红烛摇曳，女子兰指轻拈，穿针行线，低眉落目处是窗外一缸娇艳盛开的莲花，荷叶如碧，舒卷自如，红、白二色的几枝莲花亭亭玉立，或含苞，或舒瓣，或盛放，其中最高处的为一茎双头的并蒂莲花，清澈的水中几尾红鱼在荷茎间穿行游走。在传统图像含义中，并蒂莲有爱情的寓意，鱼穿行莲间也被用来隐喻男欢女爱。研究者指出："作为清朝的皇子，胤禛不仅是这位汉装美人思念中的有情郎君，也是她实际上的征服者和主人，因此才能够如此自负地想象出这些期待他的家人。"①

---

① 巫鸿.中国绘画中的"女性空间"[M].北京：生活·读书·新知三联书店，2018：462.

　　明清江南地区，人们出于对莲的喜爱，还给莲设定了生日。农历六月正是荷花盛开之月，因此很多地方将六月称为"荷月"，并在这个月形成了与莲相关的诸多民俗活动。明朝，在江南已形成了农历六月二十四日集中赏莲的习俗。明代袁宏道曾记载了六月二十四日苏州赏荷的民俗："荷花荡在葑门外，每年六月廿四日，游人最盛。画舫云集，渔刀小艇，雇觅一空。远方游客，至有持数万钱，无所得舟，蚁旋岸上者。舟中丽人，皆时粧淡服，摩肩簇舄，汗透重纱如雨。其男女之杂，灿烂之景，不可名状。"①苏州葑门外有荷花荡，每年六月二十四日，各地游人云集，赏荷之船，供不应求，租雇一空。远道而来者所费不赀，靓装丽人，摩肩接踵，场面壮观。到清初，这种赏莲的节日演变成"荷花生日"，又称莲诞节、观莲节、观荷节，成为江南地域性的民俗节日。清代女画家方婉仪，号白莲居士，善画梅兰竹石，是扬州八怪之一罗聘的妻子。方婉仪生于雍正十年（1732）六月二十四日，她写有《生日偶作》一诗："冰簟疏帘小阁明，池边风景最关情。淤泥不染清清水，我与荷花同日生。"指明自己与荷花的生日同为六月二十四日。清代沈朝初在《忆江南》中写道："苏州好，廿四赏荷花。黄石彩桥停画鹢，水晶冰窖劈西瓜，痛饮对流霞。"描述了荷花生日这天苏州的风俗之盛。在这一天，江南民众泛舟赏荷，文人饮酒作诗。接天莲叶，满塘碧绿，荷花盛开，风动荷香。晚上在湖中放荷花灯，语笑熏风，一派欢娱祥和之气。人们将"生日"赋予莲，是对莲的赞誉，在这一天人们也借由莲花表达对美好生活的祈愿。

　　近代以来，莲文化依然生生不息，并上演着美妙的传奇，尤为让人

---

① 袁宏道.荷花荡 [M]// 袁宏道.袁宏道集笺校.钱伯城，笺校.上海：上海古籍出版社，1981：170.

啧啧称奇的是古莲开花。莲子是公认的具有极长寿命的种子之一，有着"奇异种子""活化石""石莲子"的美。莲子在地层沉睡千年以上，仍旧能萌发长成幼苗。1880年前后，辽宁省普兰店泡子屯及刘家屯的居民从附近旧河床挖取河泥砌泥墙或者找烧材时，常可从泥中发现莲子。那些被砌于泥墙之中的莲子由于雨水的作用，有时会生长出莲芽，这些莲芽由河泥中古老的莲子发芽而来，大家将之称为"古莲"。20世纪初，发现古莲的事件引起当时正在中国辽宁组织"南满铁路"施工的日本人关注，他们开始考察和收集古莲子，并将古莲子带回日本。1923年日本植物学家大贺一郎，用普兰店的古莲子成功培育出植株，震惊了世界。1951年，美国放射化学家利比（Libby）在《科学》杂志上发表研究成果指出，用放射性同位素碳14测年法测定普兰店古莲种子，推测出其年龄约为1040年（误差不超过210年）。此后各国学者又对古莲的种龄发表了不同的研究成果，其中发现的最长的古莲的种龄为1288年±271年。

中华人民共和国成立后，我国科学工作者也开始了对古莲的科学研究，1952年从普兰店挖掘了一批古莲子，1953年催芽播种，1955年中国科学院植物研究所成功地将普兰店古莲子培育开花，至今这些古莲仍旧是中国科学院北京植物园的"镇园植宝"，成为游客观赏的重要景点。[①]1984年在北京西郊温泉乡太子坞村（又名太子府）也发现了古莲，取名为"太子莲"。经中国科学院考古研究所碳14鉴定，距今580年±70年，这个年代与当地居民世代相传的，此处是明代一处官僚贵

---

① 徐本美，邹喻苹，魏玉凝，等.关于古代"太子莲"的研究[J].种子，1999(4)：32-35.

族花园的传说相吻合。[①]莲子长寿的原因，现代研究者认为主要是由于莲子果皮的特殊结构，以及胚中含有的特殊抗氧化成分。

2008 年，"神舟七号"载人飞船搭载 32 粒普兰店古莲子，进行了航空搭载试验。2009 年早春，这些返回地球之后的古莲子被播种到了他们的故乡——辽宁普兰店。当年人们惊喜地发现，飞天的"太空古莲"开出了美丽的花朵，并且与对照组的普通古莲差异明显："太空古莲"不但提前开花，而且结出的种子及在莲蓬上的排序也与普通古莲明显不同。[②] 这对研究莲的基因、生长机制、品种的保护和延续等诸多问题有着重要的意义。"太空古莲"向世人诉说着一段穿越古今、面向未来的莲文化的奇迹与壮举。现在中国仍旧是莲的最大产地，现有品种近 400 个。中华传统的莲文化依然延续在我们生活的方方面面，植莲、食莲、赏莲、咏莲、画莲，莲文化生生不息。

① 张义君，顾增辉，徐本美．对沉睡六百余年的太子莲莲子的研究 [J]．种子，1985(6)：3-5.

② 宋玺州．普兰店"太空莲"提前绽放 [N]．中国花卉报，2010-07-20(5).

二、香远益清——莲的『君子』意蕴

（一）莲的"君子"意象的形成

千百年来，人们对莲花的赞美和歌咏很大程度上是由于莲所具备的人格化的美德。中国文化自古有以物"比德"的传统，即借物之性来喻人之品德性情。莲，清雅高洁，自然质朴，出淤泥而纯真不染，于水波中而亭亭玉立，常被视为君子人格的完美象征。君子是古代社会推崇的人格的典范和楷模，包括形象、言行、道德、修养、智慧、才能等多方面的内涵。传统社会中，儒家思想形成了君子之道的主要内涵，尤其是汉武帝独尊儒术以来，儒家教化成为君子人格的主要价值和行为的基础。不过在传统文化儒、释、道三家相融互补的背景下，君子的内涵也融入了道家和佛教的因素。

莲花的君子意象可以追溯到先秦时期屈原的《楚辞》。屈原出身楚国贵族，志存高远，辅佐楚怀王，忠君爱民，竭力勤勉，后遭受谗害而去职被逐。楚顷襄王二十一年（前278）楚国都城郢为秦兵攻破，屈原在愤懑痛苦中投汨罗江，殉志而亡。屈原的《离骚》写于他受人诬陷，被楚王疏远之际，叙述了他自身的遭遇和心志，倾诉了对国家命运和人民生活的关心，以及对理想的坚持。以香草喻君子，是《离骚》写作手法的一大特色，其中多处写到了莲花。《离骚》中写道："制芰荷以为衣兮，集芙蓉以为裳；不吾知其亦已兮，苟余情其信芳。"讲的是要以莲叶为衣、莲花为裳。在屈原看来与冠冕堂皇的贵族服饰相比，"莲衣"显得清新自然、质朴纯真，没有沾染世俗的污浊。屈原以莲来隐喻自己虽不被世人所理解，却依旧保持高洁的品行、脱俗的志向。屈原的《楚辞》中除了以莲为衣外，还筑莲为屋，以莲为车。《九歌》是屈原写的一组祭祀神的祭歌，其中在《湘夫人》中写道："筑室兮水中，葺之兮荷盖……芷葺兮荷屋，缭之兮杜衡。"描写了湘江的女神湘夫人在水中建屋，以莲叶遮蔽屋顶，以芷草、杜衡来穿缀缭绕。《河伯》一首写道："乘水车兮荷盖，驾两龙兮骖螭。"讲的是河神所乘之车是以莲叶为车盖，以龙和螭来驾车。莲屋、莲车皆是神所用之物，莲具有不染世间、超凡脱俗之美。较之世俗精美绮丽的华服、富丽堂皇的高室、金雕玉镂的香车，屈原更乐意在文字的世界里，用莲为自己构建一个屏蔽世俗污浊的高洁世界。莲在屈原笔下被赋予了深刻的思想内涵和人文意蕴，一方面具有卓尔不群、不染世间污浊、坚贞不渝的美德，另一方面这些美德也找到了莲这样一个物质性的承载对象。（图2-1）

图 2-1　明　陈洪绶版画插图《屈子行吟图》

纵 19 厘米，横 13 厘米

（图片引自《古版画丛刊·离骚图》，河南美术出版社，2016 年）

明代著名人物画家陈洪绶的《屈子行吟图》塑造了经典的屈原形象。萧疏的野外，屈原头戴崔巍的切云冠，腰佩长剑，清癯挺秀，行吟于江畔，天地间孑然一身。画面中既弥漫着旷寥悲情，又散发着卓然不群的清高之气。

屈原的《楚辞》中，莲象征了君子美好、高洁、脱俗的人格。在屈原的影响下，中国文化开启了莲花与文人士大夫的类比传统，衍生出自适与遁世、政治期望与失意、人格操守等一系列寓意，"裁荷为衣"也成为后世的用典意象。南朝谢朓写有《移病还园示亲属》一诗："疲策倦人世，敛性就幽蓬。停琴伫凉月，灭烛听归鸿。凉薰乘暮晰，秋华临夜空。叶低知露密，崖断识云重。折荷茸寒袂，开镜盼衰容。海暮腾清气，河关秘栖冲。烟衡时未歇，芝兰去相从。"该诗的写作背景是南齐武帝时，皇室间为争夺皇权而大肆杀戮，谢朓的友人被卷入其中，遭受杀害，谢朓忧惧万分，于是产生了称病还乡的想法。诗中写到诗人伫立秋月之下，折取荷叶制成秋天的寒衣。此处谢朓便是以《离骚》"裁荷为衣"的典故来表达自己隐逸之志的清高与坚定。南齐孔稚珪曾作《北山移文》，文中讽刺了争名逐利的假隐士周子（一说暗指同时代的周颙）。周子最初假意隐居于山林，而一遇到帝王征召则"焚芰制而裂荷衣，抗尘容而走俗状……至其钮金章，绾墨绶，跨属城之雄，冠百里之首"。在功名利禄的利诱下，周子将隐居时所穿的用芰荷做的衣服焚烧撕毁，为功名利禄而奔走钻营。"裂荷衣"是反用《楚辞》中"裁荷为衣"的典故，"荷衣"是君子高洁精神的象征，"裂荷衣"则象征着与这一精神的决裂。中国古代有着丰富的隐逸文化，《论语》中讲"君子忧道不忧贫"，即君子应当以成德弘道为己任，而不应钻营于外在的利益。《论语》还讲："邦有道则仕，邦无道则隐。"将隐逸与道统相联系。此外，道家文化中的清静无为、佛教出世修行的思想也是隐逸文化的有机内涵。魏晋南北朝时期，社会的动荡、玄学的流行、佛学的繁荣促使隐逸之风流行。在南齐孔稚珪这里，"荷衣"包含着对隐逸精神的推崇，这是对屈原《楚辞》中莲与君子内涵的扩充。

　　南朝梁钟嵘《诗品》写道："谢诗如芙蓉出水，颜如错彩镂金。"讲的是南朝诗人谢灵运和颜延之两种不同的文学风格：谢诗清新明丽；颜诗辞彩考究，雕琢华美。后世的文学评论中也常沿用"芙蓉出水"这一比喻，如唐代李白《经乱离后天恩流夜郎忆旧游书怀赠江夏韦太守良宰》有"览君荆山作，江鲍堪动色。清水出芙蓉，天然去雕饰"之句，乃是观看了友人韦良宰的诗作后夸赞其文笔清新自然，无雕琢感。此后，"清水芙蓉"由最初的文学评论被推崇为自然天成、不矫揉造作的理想的审美品格，既可以形容文笔清新自然，也增加了一种具有人格内涵的特质。这一特质不仅是审美上的形式悦目，背后还包含着深刻的道德精神传统；既有儒家推崇的温良雅正，又有道家崇尚的自然天成，不做雕琢，返璞归真。唐张九龄《饯济阴梁明府各探一物得荷叶》一诗写道："荷叶生幽渚，芳华信在兹。朝朝空此地，采采欲因谁。但恐星霜改，还将蒲稗衰。怀君美人别，聊以赠心期。"在这首诗中，诗人以荷叶自喻，描写荷叶生长在幽僻的水边，虽然默默无闻，不被人欣赏，但依然任其美好年华在此度过，隐喻诗人不受君主赏识重用的境况。该诗接续了《离骚》中莲所具有的高洁但不被世俗所赏识的寓意，但诗中流露的不单纯是"失势"的苦楚，也包含有初心不改的豁达。晚唐李商隐在《赠荷花》中写道："世间花叶不相伦，花入金盆叶作尘。惟有绿荷红菡萏，卷舒开合任天真。此花此叶常相映，翠减红衰愁煞人。"也是将莲引向了不与众花同，矢志不渝的品格特点。

　　唐代之前，人们吟咏的绝大多数为红莲，唐代开始白莲的种植变得普遍，由此中唐后咏赞白莲的诗风日浓。白莲色泽清雅，洁白无瑕，更易比君子高洁之志，其人格象征意义日益凸显。中唐诗人白居易喜爱白莲，他自苏州刺史任上归洛阳，带回白莲，种在履道里宅院之中，并写下《感白莲花》："白白芙蓉花，本生吴江濆。不与红者杂，色类自区分。"描写了白莲花清净自洁，不与他同的气质。白居易在《东林寺白莲》中写道："东林北塘水，湛湛见底清。中生白芙蓉，菡萏三百茎。白日发光彩，清飚散芳馨。泄香银囊破，泻露玉盘倾。我惭尘垢眼，见此琼瑶英。乃知红莲花，虚得清净名。"白居易一生亲近佛教，他在谪居江州期间，与东林寺住持常有往来，这首诗描写的是东林寺北塘之中的白莲。庐山是净土宗的发源地，开山祖师东晋慧远曾在东林寺亲自凿池种白莲，此后慧远与同道友人一起创立了白莲社，发愿往生西方净土极乐世界，因此净土宗又被称为"莲宗"。东林寺的白莲自古闻名，历史上文学、绘画等对之多有描绘，白居易《东林寺白莲》是其中名篇。白居易笔下的东林寺池塘清澈见底，满池白莲，光彩生辉，以尘垢之眼幸运得见白莲，才知道红莲并非真清净，白莲才能代表佛教意蕴。诗中白居易的思想以儒家为核心，糅合佛道，他从佛教的角度对白莲的吟咏之作，折射出文人士大夫眼中儒、释、道三教合一的莲的形象，并且慧远的佛教思想本身即糅合了儒道的因素。晚唐时候白莲的人格内涵得到提升，皮日休在《赤门堰白莲花》一诗中写道："缟带与纶巾，轻舟漾赤门。千回紫萍岸，万顷白莲村。荷露倾衣袖，松风入鬓根。潇疏今若此，争不尽余尊。"借物自况，写出文人高洁形象，抒发萧疏情怀，在诗中白莲成为人格和境遇的象征。陆龟蒙的《和袭美木兰后池三咏·白莲》写道："素蘤多蒙别艳欺，此花端合在瑶池。无情有恨何人觉，月晓风清欲堕时。"写素洁的白莲，本应是瑶池仙葩，却被其他艳俗之花所欺凌，于月晓风清时即将凋零。诗人借白莲写自己孤冷清寂的境遇，坦露寂寞无助。莲花的"君子"意象，经文人之手不断演变发展，由追求高洁的心态到人格象征意义日渐丰富、成熟。

（二）理学思想滋养下的《爱莲说》

晚唐至宋代，从儒家经典中发现道德寓意并将自己培养成具有德性之美的贤人，成为儒学的主流，在儒学史上称作理学的兴起，南宋朱熹时代理学达至顶峰。受理学的影响，宋代的文学艺术在面对外物造化时，带有格物致知的眼光。宋代士人赋诗作文，文以载道，明道见性，道德为上，美善兼备是文人士大夫的理想追求，儒家的比兴讽劝、比德鉴义在宋人的文学中蔓延。在这一背景下，文学艺术中花木比德的意蕴更为明晰，典型的就是松、竹、梅"岁寒三友"，以及梅、兰、竹、菊"四君子"题材的逐步确立。南宋幸元龙撰《天台陈侯牧斋记》一文，其中写道："堂后种竹莳松于梅林之侧，一室萧然，则扁曰'四友'，则雪饮风餐，清高不改，知所自重矣。"姚勉《三友轩说》说："格之物，竹挺而不屈近直，松岁寒而不改近谅，梅质而华近多闻。"张栻《南楼记》说："亭之旁植竹与梅与松，吾将与之友。"宋代文人士大夫以松竹梅为友，看中的是花木的道德寓意和品格意趣，这将源自先秦《诗经》《楚辞》中的"比兴""比德"思想，又往前推进了一步，使花木的寓意与君子人格追求相契合。在这一背景下，莲的"君子"意象正式形成。虽然莲关乎君子人格方面的含义古已有之，但是到了宋代，这一品格更为明晰和稳定，其标志即是宋代理学的开创者周敦颐所撰的《爱莲说》一文，借助该篇，"君子之莲"开始在宋代理学的园圃内绽放。

周敦颐（1017—1073），字茂叔，号濂溪，世称濂溪先生，道州营道（今湖南道县）人，北宋著名的理学家、文学家、哲学家。他以儒学为主体，融合道、佛两家学说，著有《太极图说》《通书》等著作，提出"无极而太极"，由"阴阳""动静""五行"而生万物，进而得出"圣人定之以中正仁义而主静"的结论，奠定了理学的理论基础，开创了宋代理学。著名的宋代理学家"二程"——程颐、程颢皆出自周敦颐门下。周敦颐崇尚自然，程颐、程颢的《二程遗书》中记载："周茂叔窗前草不除去。问之，云：'与自家意思一般'。"周敦颐不除窗前草，正是为了体味"苔痕上阶绿，草色入帘青"的自然生机。既然自然界万事万物皆蕴含有天理，体悟天理就是内思生命本质，静悟万物生机。周敦颐晚年居于江西庐山莲花峰下，这里是东晋高僧慧远讲经，创立莲社的地方。周敦颐在庐山知南康军时，于府署一侧挖一大池，栽种莲花，取名"爱莲池"。嘉祐八年（1063）任虔州通判的周敦颐写下了影响千古的咏莲名篇——《爱莲说》。

爱莲说

　　水陆草木之花，可爱者甚蕃。晋陶渊明独爱菊。自李唐来，世人甚爱牡丹。予独爱莲之出淤泥而不染，濯清涟而不妖。中通外直，不蔓不枝。香远益清，亭亭净植。可远观而不可亵玩焉。予谓菊，花之隐逸者也；牡丹，花之富贵者也；莲，花之君子者也。噫！菊之爱，陶后鲜有闻。莲之爱，同予者何人？牡丹之爱，宜乎众矣！

周敦颐将莲花与菊、牡丹相比较，认为牡丹是花中的富者，菊花是花中的隐士，而莲花则是花中的君子。喜爱牡丹者攀附权贵、流于媚俗；喜爱菊花者眼空万物、消极避世；只有莲花如君子一般，亭亭净植，独立于污浊之世，香远益清，正是君子应有之面目。莲茎中通外直，不蔓不枝，体现了君子不卑不娇的凛然正气。周敦颐以物状怀，以物言情，君子的人格内涵在莲身上完美展现。周敦颐在《爱莲说》中除了咏物、

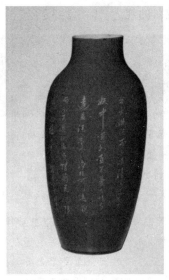

图 2-2 清 乾隆时期吹红釉反白爱莲说诗文观音瓶

观复博物馆藏

（图片引自马未都《马未都谈瓷之纹 叶红于二月花霜——字纹文》，载
《紫禁城》2012 年第 12 期）

吹红釉反白爱莲说诗文观音瓶上留白草书宋代周敦颐的《爱莲
说》，款书"戊寅（1758）秋月偶书爱莲说于登云斋中"。

比德外，更重要的是表达了理学意境。"不蔓不枝""亭亭净植"与南宋
朱熹在《〈中庸〉章句集注》中对"中庸"的解释"中者不偏不倚，无
过不及之名"不谋而合。莲的君子意向也糅合了佛教的因素，"出淤泥
而不染，濯清涟而不妖"，受到佛教"净染"思想的影响。儒家经典《礼
记·中庸》讲"莫见乎隐，莫显乎微，故君子慎其独也"，孟子提倡内
省修心。佛、儒两家都主张静心内省，强调君子的修为。周敦颐援佛入
儒，借佛教的"净染"观念提倡儒家修养心性，强调"诚"和"静"，
以期做到诚意正心、宁静致远。周敦颐笔下莲花的意蕴在宋代"新伦理、
新道德"观念笼罩中，获得了前所未有的阐释，一篇《爱莲说》最终确

立了影响深远的莲花为"君子之花"的观念。（图2-3）

图2-3 （传）南宋 赵伯驹《莲舟新月图》及局部
绢本设色，纵23.8厘米，横66.8厘米
辽宁省博物馆藏
（图片引自《元画全集·第三卷·第一册》，浙江大学出版社，2012年）

　　画面描绘北宋著名理学家周敦颐爱莲的故事。半空中新月如钩，陂陀上绿柳如烟，一儒士泛舟湖中，水面之上莲叶如碧，莲花摇曳盛开。画面上有清乾隆皇帝题跋："泛月四时宜，九夏为尤善。荷塘窈而幽，绿水清且浅。不必撷芳华，虚明供静遣。洒然玉壶冰，色香俱难辨。"

　　在后世人眼中，周敦颐与莲有着不解的关联。南宋吴泳《寿魏鹤山》一诗云："濂溪雅爱莲，程子乐观鱼。生机不停息，天理原平铺。"周敦颐爱莲已成固定意象，莲的自然生机是周敦颐格物致知、体悟天理的媒介。南宋柴随亨《过道州谒周濂溪故居》云："落花啼鸟春无恙，窗草池莲景自如。闲立钓游矶上石，光风霁月满庭除。"柴随亨过周敦颐的老家道州营道，拜谒了濂溪先生的故居，映入眼帘的依然是窗草、莲池，这二者是昔日濂溪先生静心明理、体悟自然的对象，也是勾起今日追思的标志符号。万物流转变化，今非昨日，但周敦颐如光风霁月般的洒落胸怀，引人恒久追思。清代张潮《幽梦影》写道："天下有一人知己，可以不恨。不独人也，物亦有之。如菊以渊明为知己，梅以和靖为知己，竹以子猷为知己，莲以濂溪为知己……一与之订，千秋不移。"① 大千世界，好花众多，各美其美，各具其品，所谓花"知己者"当是惜花爱花，通花性情者。如菊知己东晋陶渊明，梅知己北宋林逋，竹知己东晋王徽之，莲知己北宋周敦颐。这几位高标人物，均是人格不凡，清拔卓识者，正是花木的道德寓意、品格意趣，成了联结花木与"知己者"的纽带。周敦颐在推动莲"君子"意蕴的最终确立，以及莲文化形成的历史上功不可没。莲具有物质实体性、审美性，并且雅俗共赏，莲与周敦颐附着之后，人们对周敦颐的感知也增加了一个具体事物的依托。元代开始，文学、艺术中出现了"四爱"题材，如文学中，元代名士叶凯翁为自己的隐居之所取名为"四爱堂"，并邀请多人为四爱堂作诗，合集为《四爱题咏》。在绘画和器物装饰上，也不乏这一题材，如湖北省博物馆现藏一件元青花四爱图梅瓶（图 2-4），瓶上绘王羲之爱兰、陶渊明爱菊、周敦颐爱莲、林逋爱梅四个画面②。后世人眼中，莲花与周敦颐成了文化史上具有象征意义的亲密组合，"一与之订，千秋不移"，二者在文化史上彼此玉成。

---

① 张潮. 幽梦影 [M]. 孙宝瑞，注. 郑州：中州古籍出版社，2008：28.
② 崔鹏，周浩. 元青花四爱图梅瓶纹饰研究 [J]. 江汉考古，2016(3)：95—101.

图 2-4　元　青花四爱图梅瓶及"周敦颐爱莲"局部
高 38.7 厘米，口径 6.4 厘米，底径 13 厘米
出土于湖北省钟祥郢靖王墓
湖北省博物馆藏
（作者拍摄）

　　元青花四爱图梅瓶出土于湖北钟祥明代郢靖王墓，墓主郢靖王朱栋为朱元璋第二十四子。该梅瓶为景德镇烧造。瓶腹设四个海棠形开光，其内分别画王羲之爱兰、陶渊明爱菊、周敦颐爱莲、林逋爱梅这四个画面，合称"四爱"。其中"周敦颐爱莲"一幅，柳条依依，池中两茎莲花亭亭而立，一茎含苞，一茎绽放，荷叶正敧有致，并配以茨菇、水草。周敦颐立于池畔，头戴"高装巾子"，手执拂尘，观看荷花，身后跟随一位拿琴童子。武汉博物馆也藏有一件青花四爱图梅瓶，尺寸、纹饰与该件皆类似。

图 2-5　明　陈洪绶《写寿图》
绢本设色，纵 135 厘米，横 59 厘米
私人收藏
（图片引自《陈洪绶全集 1》，天津人民美术出版社，2012 年）

　　这幅《写寿图》有款识："叔时亮、时英，侄文栋、文彬、自鼎、文柏，侄孙尔珩、尔珍、尔琏、尔琦，嫖上。芳洲居士六十耆，老莲洪绶写寿。"可知家族中的叔、侄、侄孙三代九人为了贺"芳洲居士"六十大寿，请陈洪绶作了此图。研究者考证明代以"芳州"为号者有六人，其中嘉兴平湖陆上澜与陈洪绶属同时期。陆上澜是明末著名的文人组织"复社"的成员，其"为文古奥，年八十，手不释卷"。陈洪绶的老师刘宗周也是"复社"骨干，陈洪绶与陆上澜在人际往来中应有交集，这张画应当就是为陆上澜贺寿而作。该画并未画祝寿题材常表现的松柏、仙鹤、萱草、山高水长等，而是画一老者挂杖前行，后有侍从捧大铜瓶，内插三茎莲花、一茎莲叶，意在借莲花"出淤泥而不染"的君子意蕴，赞扬"芳州居士"的品行和学识。

三、风致隽永——莲花的文学意蕴

中国莲文化的形成，文学在其中扮演了重要的角色。中国古代"重文"的传统，决定了文学有着广大的创作群体、接受群体以及应用范围；并且比起音乐、舞蹈、绘画等其他艺术形式，文学在古代有着更方便保存、流传的物质手段，其影响力巨大且深远。文学对莲文化风貌的塑造有着巨大的作用。

（一）莲之美

文学之于莲，首先是对莲的美的描述，或者说用文学的眼睛去发现莲的美，塑造莲的美。莲的文学意象最早可追溯到先秦时期，尤其以中国文学的两大源头——《诗经》和《楚辞》为代表。《诗经》以比兴的手法，将莲与女子、爱情相联系；《楚辞》将莲与人格、理想相联系。二者虽然未着太多笔墨直接描写莲的形态，但莲与所喻事物的比拟关系，为莲附着了美好的意蕴和美丽的视觉意象。

《诗经·陈风》中有《泽陂》一首：

泽陂

彼泽之陂，有蒲与荷。

有美一人，伤如之何？

寤寐无为，涕泗滂沱。

彼泽之陂，有蒲与蕑。

有美一人，硕大且卷。

寤寐无为，中心悁悁。

彼泽之陂，有蒲菡萏。

有美一人，硕大且俨。

寤寐无为，辗转伏枕。

这是一首民间爱情诗歌。诗的起首讲到蒲、荷相依于水畔，这是该诗的起兴之句。"兴者，先言他物以引起所咏之辞"，《诗经》常借自然之物抒情言志。男女相恋本应当像这蒲与荷一样，相伴相悦，但诗的作者孤独一人，爱而不得，"伤如之何？"日思夜想不成眠，痛哭流涕。唉，这分明就是人不如物，哪能不让人的忧思感伤啊！该诗中的"菡"和"菡萏"均指莲。汉代注释《诗经》的郑玄指出"荷以喻所说女之容体也"，这首《泽陂》即是将袅娜的莲与美丽的女子相联系。

《诗经·郑风》中《山有扶苏》也是一首情诗，或为当时郑国流行的恋曲：

山有扶苏

山有扶苏，隰有荷华，

不见子都，乃见狂且。

山有桥松，隰有游龙，

不见子充，乃见狡童。

这是一位女子找不到如意郎君而发牢骚的诗。诗以草木起兴：高高的山冈上长着挺拔茏葱的树木，低洼的湿地中有娇艳夺目的荷花。女子由物及人，想到吾本佳人，本当与"子都""子充"这样的俊男良人相配，却不想便宜了你这"狂且""狡童"。这是女子对男子的声声俏骂，其中也带着娇嗔的浓浓蜜意。诗中树木、莲隐喻爱情中的男女。莲与女子的芳容、娇态相仿佛。诗借莲传神，烘托了恋人之间的情爱氛围，并为诗增添了柔美的色彩、生命的灵动。《诗经》中，植物蕴含着勃勃生机，天地间人与草木共享着和谐而又热烈的生命律动。《诗经》描写莲的语言简洁直白，却意蕴独具。

《诗经》开创了以莲喻女子、喻爱情的传统，后世的文学不间断地延续了这一意蕴，以莲喻女子，或以女子喻莲。隋代杜公瞻《咏同心芙蓉》中写道："灼灼荷花瑞，亭亭出水中。一茎孤引绿，双影共分红。色夺歌人脸，香乱舞衣风。名莲自可念，况复两心同。"此诗也是以亭亭出水的莲花，比喻翩翩佳人和缠绵的爱情，延续的是《诗经》开创的美学意象。只是《诗经》中的爱情自由奔放，莲的文学意向原初、简洁，后世则加入了更多的对莲的物色美的描述，意象更为复杂。

先秦诗歌另一个源头是屈原的《楚辞》，其中莲呈现出另一种风姿。战国时楚国的爱国主义诗人屈原政治上不得志，忧国忧民。他的《楚辞》构制闳深奇幻，辞采钜丽奔放，以之投射人生理想，开创"香草美人"的比喻传统。屈原的《离骚》节选：

> 步余马于兰皋兮，驰椒丘且焉止息。
>
> 进不入以离尤兮，退将复修吾初服。
>
> 制芰荷以为衣兮，集芙蓉以为裳。
>
> 不吾知其亦已兮，苟余情其信芳。
>
> 高余冠之岌岌兮，长余佩之陆离。
>
> 芳与泽其杂糅兮，唯昭质其犹未亏。

根据《史记》记载，《离骚》写于屈原遭人谗诣，被楚怀王"怒而疏"之时。屈原忧愁愤懑，但始终坚守着不与恶势力同流合污的高洁人格。在艰难求索的路途上，屈原借《离骚》吐露心声：马匹漫步在长满芳草嘉木的山坡休憩，自己的进谏既然不被君采纳，只得隐退。诗人穿上由菱叶与莲叶制成的上衣、莲花制成的下裙，让冠更加高耸，使佩剑更加修长斑斓，这是不改初衷、高贵人格的体现。虽然芳香和腐臭会混杂糅在一起，但明洁的品质是不会缺损的。对屈原来讲，在世道污浊之时，穿回"初服"——以莲为衣裳，象征了他高洁的品格，莲就是高洁精神的象征，用以抵抗污浊的现实。莲的美被屈原赋予了人格化的精神内涵，具有"比德"的性质。

秦汉时期，莲的文学意蕴被继续开拓。汉乐府诗《江南》脍炙人口："江南可采莲，莲叶何田田。鱼戏莲叶间。鱼戏莲叶东，鱼戏莲叶西，鱼戏莲叶南，鱼戏莲叶北。"这首诗仿佛是一幅速写，简洁明丽，散发着民歌特有的欢快流畅，开创了后世"采莲诗"的滥觞，并且在古代民歌中，鱼的形象与婚姻爱情密切相关，因此该诗隐喻了青年男女在采莲时的爱情欢乐。

魏晋南北朝时，源自《诗经》的将莲与女子相比拟、描写爱情的传统依然延续，如曹植《洛神赋》中对洛神美貌的描写："远而望之，皎若太阳升朝霞；迫而察之，灼若芙蕖出渌波。"意为远远望去，洛神皎洁明丽，好似朝霞中升起的太阳；靠近了看，风姿绰约，仿佛是碧波中娉婷而出的莲花。魏晋南北朝时大量涌现对莲花外形美的描写，对莲的外在美的发现与描写细腻程度达到了一个前所未有的高度。西晋夏侯湛《芙蓉赋》中写道："叶恢花披，绿房翠蒂，紫饰红敷，黄螺圆出。垂蕤散舒，缨以金牙，点以素珠，固陂池之丽观，尊终世之特殊。"莲叶、莲花、莲房，作者对莲的各个部位逐一凝视，莲的形貌得到前所未有的细致关注和表现；绿、红、紫、黄，色彩斑斓，对比鲜明，莲好似有史以来的第一张彩色照片。东晋谢灵运《石壁精舍还湖中作》写道："林壑敛暝色，云霞收夕霏。芰荷迭映蔚，蒲稗相因依。"诗人将莲置于黄昏与清晨变化的时间中、林壑云霞的环境里来描写，虚实相生，情景交融。魏晋南朝宫廷文学发达，诗歌中多有表现绮丽宫廷生活者，在这类诗歌中，莲呈现出一种精致、华丽、细微的视觉美感。例如，西晋傅玄的《芙蕖》："煌煌芙蕖……金房绿叶，素株翠柯。"莲从清丽脱俗变得金碧辉映，光彩闪闪。西晋张华的《咏荷》："荷生绿泉中，碧叶齐如规……照灼此金塘，藻曜君王池。"莲生长于帝王金碧辉煌的池塘中，因而也规整划一，"碧叶齐如规"，意为荷叶如同用圆规画出，有一种精雕细琢的整饬之美。

隋唐以来，文学中对莲的描述延绵不绝，灿若星河。莲的四时风貌，万端风情，皆被付诸毫楮。唐代王维《莲花坞》："日日采莲去，洲长多暮归。弄篙莫溅水，畏湿红莲衣。"诗人借由"采莲"这一古老的题材，抒写了闲居生活中散淡的情趣。白居易《长恨歌》中"芙蓉如面柳如眉"，延续了莲花与女子相关联的写作传统，直接将女子的面庞比喻为莲花。五代李峤《临江仙·帘卷池心小阁虚》："别愁春梦，谁解此情悰？强整娇姿临宝镜，小池一朵芙蓉。"描写了女子绮户闺秀伤春悲秋，袅袅娇娇如芙蓉一朵，婉转娇媚。也有颠倒本体、喻体关系，将莲比喻为女子的，如隋代辛德源的《芙蓉花》："洛神挺凝素，文君拂艳红。"将莲比喻为洛神和卓文君。唐代朱景玄的《望莲台》写道："秋台好登望，菡萏发清池。半似红颜醉，凌波欲暮时。"将池中半红的莲花比喻为凌波微步的醉酒女子。

北宋神宗朝驸马王诜写有《蝶恋花·小雨初晴回晚照》一词："小雨初晴回晚照。金翠楼台，倒影芙蓉沼。杨柳垂垂风袅袅，嫩荷无数青钿小。"王诜是北宋开国功臣王全斌后人，娶宋英宗赵曙之女蜀国公主为妻。王诜虽为贵族，但与文人群体关系密切，文人的率真烂漫、才华风流在其身上尽现。他曾受"乌台诗案"牵连，加之蜀国公主病故，被贬逐颍州（今安徽阜阳）。流落异地时，王诜在颍昌府（今河南许昌）写下了这首《蝶恋花·小雨初晴回晚照》。词中"小雨初晴"暗示贬谪之后将迎来帝王召还的转机；金翠楼台倒影莲池，流金碎玉，亦真亦幻，好似王诜这如梦一般的人生遭际；晚景之中嫩荷如青色小钿，流露出婉约、黯淡之情。词中虽不乏镂金错彩的贵族气质，但是小雨、晚照、杨柳、微风、嫩荷，则更多地体现出文人自然、素雅的审美好尚。"青钿嫩荷"是文学中并不常见的意象，却是恰到好处地体现了王诜彼时的心境（图3-1、图3-2）。王诜的好友，北宋文学家苏轼《鹧鸪天·林断山明竹隐墙》写道："林断山明竹隐墙，乱蝉衰草小池塘。翻空白鸟时时见，照水红蕖细细香。村舍外，古城旁。杖藜徐步转斜阳。殷勤昨夜三更雨，又得浮生一日凉。"同样写莲，苏轼较之王诜，具有朴素、疏散之气。没有金翠楼台，只是乡村里长满衰草的小池塘，同样雨后，苏轼"又得浮生一日凉"，体现出豁达、疏阔的情怀（图3-3）。

图3-1　宋　王诜《莲塘泛艇图》（局部）
绢本设色，纵24.3厘米，横25.8厘米
故宫博物院藏
（图片引自《故宫博物院藏品大系·绘画编4·宋辽金》，
紫禁城出版社，2008年）

《莲塘泛艇图》该扇面画传为北宋王诜所画，图中树木掩映的水阁内，一女子凭轩俯瞰、一女子执扇而坐，水阁下三女子划小艇而来，水面上莲叶涌动。

图 3-2　宋　王诜行书《颍昌湖上诗词卷》（局部）

纸本，纵 31.3 厘米，横 271.9 厘米

故宫博物院藏

（图片引自《故宫博物院藏文物珍品大系·宋代书法》，

上海科学技术出版社，2001 年）

　　王诜的这幅行书《颍昌湖上诗词卷》书写了其所作的《蝶恋花》一词。作品共分四段：第一段 23 行 154 字，以散文叙说"前年恩移清颍（按今颍州）"，道阻于许昌，与韩维（持国）、范镇（景仁）诗酒流连于颍昌府（按今许昌）之西湖的情况。第二段 17 行 96 字，记颍昌湖上三人所作唱和诗句。第三段 8 行 64 字，为《蝶恋花》词一首，描写了湖上景色。第四段 2 行 17 字，自言近年能饮酒，多醉书。清初鉴藏家吴其贞评价该作："观其书体，纵笔如悬针，横笔如画沙，走绕盖作流水波。结构紧实，锋芒凛凛，如快剑斫阵。"①

---

①　金运昌. 王诜和他的《颍昌湖上诗词卷》[J]. 中国书法，2005(11)：15.

图 3-3　宋　佚名《柳塘泛月图》册页
绢本设色，纵 23.2 厘米，横 28.1 厘米
故宫博物院藏
（图片引自《故宫博物院藏品大系·绘画编 4·宋辽金》，
紫禁城出版社，2008 年）

　　画面中杨柳清风，新月如钩。随风涌动的莲叶间，一位衣着散淡的文士乘扁舟穿行，前置食盒，后放茶炉，看样子这是一场随性而享乐的秉烛夜游。吟风弄月，又得浮生一日凉。

　　南宋女词人李清照的《如梦令·常记溪亭日暮》写道："常记溪亭日暮，沉醉不知归路。兴尽晚回舟，误入藕花深处。争渡，争渡，惊起一滩鸥鹭。"同样是写女子与莲，却与任何同类题材迥乎不同：没有矫揉媚好，用"兴尽""沉醉""误入藕花深处"表现自由洒脱，在关于莲的诗词中难觅其二。词的长短句式，使得节奏如珠走玉盘，而结尾的戛然而止，又令人意犹未尽。南宋杨万里《小池》中"小荷才露尖尖角，早有蜻蜓立上头"，充满生命之初的灵动；他的《晓出净慈寺送林子方》中"接天莲叶无穷碧，映日荷花别样红"，莲花则展现出生命的热烈奔放，充满视觉上的张力与活力。南宋葛立方《卜算子·席间再作》："袅袅水芝红，脉脉兼葭浦。淅淅西风淡淡烟，几点疏疏雨。"淡淡烟雨中，红莲脉脉含情。元代倪瓒《荒村》："踽踽荒村客，悠悠远道情。竹梧秋雨碧，荷芰晚波明。穴鼠能人拱，池鹅类鹤鸣。萧条阮遥集，几屐了余生？"荒凉村落，鼠禽相生，秋雨暮色里荷芰萧索黯然。

宋代任希夷写《荷花》："翠盖佳人临水立，寂寞雨中相对泣。温泉洗出玉肌寒，檀粉不施香汗湿。一阵风来碧浪翻，珍珠零落难收拾。"诗中将荷花比作"绿盖佳人"。"温泉""玉肌""檀粉""香汗"，这些用典让人想到唐代美人杨玉环。杨玉环赐浴华清池，白居易《长恨歌》描述其"温泉水滑洗凝脂"。南宋陆游《浣沙溪·南郑席上》写道："浴罢华清第二汤，红棉扑粉玉肌凉。"南唐王仁裕的《开元天宝遗事》记载杨玉环"每至夏月，常衣轻绡，使侍儿交扇鼓风，犹不解其热。每有汗出，红腻而多香"[1]。又有贵妃香汗一说。诗的最后两句"一阵风来碧浪翻，珍珠零落难收拾"暗指安史之乱，权势翻倾，贵妃香消玉殒，好比莲叶上珍珠般的露珠散落难收。任希夷的这首《荷花》，没有一句是直接写花，却借杨玉环将莲描写得美艳秾丽，构思出人意表，并且虽美艳却不俗腻，借由"寂寞雨中相对泣"一句，将莲表现得愈加楚楚动人。明代杨基《荷叶》立意更是新颖有趣："圆的破蓬苞，孤茎上藕梢。雨撑栖鹭屋，风卷荫龟巢。溪友裁巾帻，墟人作饭包。小娃曾已折，新月里湖坳。"诗人舍弃文人常写的莲花，只写莲叶，而且舍弃形貌描写，聚焦于用途描写：雨天做鹭鸟的窝棚；风天当乌龟的巢穴；可以做渔夫的巾貌；可以当农夫的饭包；也可被孩童折来随意玩耍。新月湖水间，天地自然里，莲叶利万物而不争。大处落笔，写神不写形，这些粗线条的刻画，虽不唯美，却有浑然朴拙、天道自然的大美。

明清的小说、戏曲、散曲等文学是这一时期文学桂冠上最耀眼的明珠。散曲兴盛于元代，在明清时期依然流行。陈铎是明代中叶的散曲名家，

---

[1] 王仁裕.开元天宝遗事（外七种）[M].上海：上海古籍出版社，2012：26.

生活于金陵。金陵城经济繁荣，娱乐业兴旺，秦淮月夜，游船画舫，乐伎歌女细吹细唱。陈铎在散曲里记录下他熟悉的场景，如《夏日秦淮游赏》："【北黄钟醉花阴】深浅荷花二三里，仿佛似王维画里。凉风过晚风微，小舫轻移，来往垂杨底。好风景喜追陪，万斛尘襟皆荡喜。"秦淮河里荷花绵延二三里，好像是在王维的画里——为了附庸风雅，唐代文人翘楚也被拉来说事。一片莲花的世界里，万斛美酒，荡却尘烦，及时享乐。

清代小说名著《红楼梦》中也常见到莲的影子。金陵十二钗副册之首的香菱，出生富庶的诗礼之家，幼年被人拐卖，后被"呆霸王"薛蟠纳为妾室，为正妻夏金桂所不容。曹雪芹《红楼梦》原著中写，香菱的命运结局是被夏金桂虐待致死。香菱虽命运多舛，"平生遭际实堪伤"，但她天性美好，善良单纯，骨子里有着书香气，曾跟林黛玉学诗，学得如痴如醉，成为大观园唯一进入海棠诗社的丫鬟。曹雪芹借助"莲"对香菱进行了塑造。香菱原名"英莲"，"莲"本为清贵上品之花。《红楼梦》第五回中，宝玉神游太虚境翻阅金陵十二钗副册，香菱一册画一株桂花，下面有一池沼，其中水涸泥干，莲枯藕败，所配判词为"根并荷花一茎香，平生遭际实堪伤。自从两地生孤木，致使香魂返故乡"。副册的诗画以莲花比喻香菱不凡的出身和出淤泥而不染的美好品格；诗中"自从两地生孤木"一句和画中的桂花都代表着夏金桂；画中的莲枯藕败的场景暗示着香菱的悲惨遭际。《红楼梦》大观园中设有一处藕香榭，第三十八回描述："原来这藕香榭盖在池中，四面有窗，左右有曲廊可通，亦是跨水接岸，后面又有曲折竹桥暗接。……（贾母）一面说，一面又看见柱上挂的黑漆嵌蚌的对子，命人念。湘云念道：芙蓉影破归兰桨，菱藕香深泻竹桥。"①藕香榭盖在池中，四面临水，可以全景赏莲。史湘云曾在这里开海棠社，设螃蟹宴（图3-4）。贾母二宴大观园

① 曹雪芹.红楼梦[M].北京：人民文学出版社，2008：504.

时，让伶人在藕香榭的水亭子上演习乐曲，"箫笙悠扬，笙笛并发。正值风清气爽之时，乐声穿林渡水而来，使人心旷神怡"①。红学名家周汝昌指出："曹雪芹善于继承传统，有一个极大的特点，他几乎把我们的民族艺术精华的各个方面都运用到小说艺术中去了。"曹雪芹熟稔莲文化，也将莲文化的方方面面运用于《红楼梦》之中：第五回宝玉神游太虚幻境，看到仙子"荷衣欲动""荷袂蹁跹""莲步乍移"；第七回薛宝钗的"冷香丸"用的是"夏天开的白荷花蕊十二两"；第三十六回袭人给宝玉绣的兜肚"上面扎着鸳鸯戏莲的花样，红莲绿叶，五色鸳鸯"；第四十三回宝玉眼中的洛神塑像有"荷出绿波，日映朝霞之姿"；第五十八回大观园"池中又有驾娘们行着船夹泥种藕"。凡此种种，曹雪芹写莲耐心结撰，处处用意，莲文化所包含的丰厚意蕴在《红楼梦》中得到了集大成的呈现。

图 3-4　清　木版年画《红楼梦·藕香榭吃螃蟹》

纵 57 厘米，横 104 厘米

杨柳青李盛兴年画店

（图片引自《杨柳青年画》，文物出版社，1984 年）

《红楼梦》第三十八回，史湘云做东，贾母、王夫人、王熙凤、宝玉、黛玉、宝钗及众姐妹丫鬟齐聚贾府藕香榭观赏桂花，饮酒吃蟹，咏菊赋诗。杨柳青年画《红楼梦·藕香榭吃螃蟹》中亭台楼阁，回廊环绕，亭台之下，碧水波中莲花绽放，水禽游戏其间。

---

① 曹雪芹. 红楼梦 [M]. 北京：人民文学出版社，2008：548.

（二）秋莲

中国古代文学在歌颂莲的娇艳美丽之余，对秋天的莲也予以特殊的关注。文学家描写秋莲，或借秋莲惋惜时间易逝，光阴难留；或感叹荣华难久，盛衰流转；或忧虑容颜易老，恩爱不再；或伤感人生苦闷，知己别离。文学捕捉到了秋莲独特的美感，并将之与人生感悟紧密关联。秋莲的文学意象建立在其自然属性之上。初夏，小荷才露，新生命代表着希望。盛夏，茂盛艳丽，充满活力。秋季，由荣转枯，莲花凋谢、莲叶枯败，让人感到寂静朴素，也感到苍凉萧索，产生悲秋之意。

"悲秋"主题可远溯到先秦，楚国宋玉《九辩》："悲哉，秋之为气也，萧瑟兮草木摇落而变衰。"写了草木的衰败，定下了"悲秋"的基调，但东晋之前未见对"秋莲"的描写。秋莲被吟咏始见于东晋、刘宋。东晋陶渊明《杂诗十二首·其三》中写道："荣华难久居，盛衰不可量。昔为三春蕖，今为秋莲房。"宋孝武帝《离合》中写道："池育秋莲，水灭寒漂。旨归涂以易感，日月逝而难要。"这两首诗均借秋莲感叹荣华难久、盛衰流转、光阴难留。东晋以降描写"秋莲"作品的出现与多种因素相关：晋室南移，统治中心迁至江南，莲与人们生活关系日益密切；社会的动荡引发对盛衰流传的慨叹；加之佛教之中对莲花的推崇，在种种因素影响下，文学作品开始关注"秋莲"的意象，并在后世一直延续。

在娇艳的"夏莲"之外，"秋莲"成为一种新的审美类型，它独特的美感在文学中首先获得发现。与其他的花木相比，莲的叶、花巨大，并且常大面积生长，它夏日盛放与秋日凋零的姿态对比明显，富于视觉冲击力。秋莲的声、色、形、态被一代代文学家展现。南北朝鲍照"穷秋九月荷叶黄"，写荷叶由绿到黄的色彩变化；"燕去栏恒静，莲寒池不香"写味觉上的变化。南齐谢朓眼中"风碎池中荷，霜翦江南绿"，荷以残碎的形态步入文学的视野。同样是谢朓所写的："飒飒满池荷，翛翛荫窗竹。"则留下风吹草木声。北齐萧悫"芙蓉露下落，杨柳月中疏"，写莲花败落的运动，针对此句，北齐颜之推《颜氏家训·文章》篇中评价道："时人未之赏也。吾爱其萧散，宛然在目。"唐代杜甫写"曲江萧条秋气高，菱荷枯折随风涛"，李清照写"莲子已成荷叶老"，捕捉到秋荷枯折稀疏的典型形态。唐代李商隐写"留得枯荷听雨声"，成为写枯荷的千古绝唱。宋代李清照写"莲子已成荷叶老"，人所共见，平铺直叙，却能撩人心绪。明代高启《秋望》中"霜后芙蓉落远洲"，写得清远苍茫。秋莲在中国文学中具有独特的神韵风骨，关于它的写作从未间断，形成了丰厚的历史积累，并且影响到绘画、雕塑、工艺美术等其他艺术领域。

历来文学中咏物多是借物抒怀，寄意于言外，秋莲题材也不例外。文学透过秋莲的形色描写，意在传达丰富多样的情感。南北朝鲍泉《秋日》："露色已成霜，梧楸欲半黄。燕去栏恒静，莲寒池不香。夕乌飞向月，余蚊聚逐光。旅情恒自苦，秋夜渐应长。"露成霜，树欲黄，一片秋色笼罩。对于莲，未写其形态，只写池水寒凉，花无香气，立意巧妙。诗尾"旅情恒自苦，秋夜渐应长"点出全诗基调——羁旅愁思，游子凄凉，寒夜苦长。唐代"安史之乱"后，国运由盛转衰，秋莲出现得更加频繁，并且中晚唐文人描写枯莲时，经常会伴随着出现凄风苦雨、明月寒潭，更惹人感伤哀愁。唐代大历年间诗人崔橹《残莲花·其一》："倚风无力减香时，涵露如啼卧翠池。金谷楼前马嵬下，世间殊色一般悲。"诗中"无力""啼""卧"写荷拟人，映射的是杨贵妃魂断马嵬坡的惨剧，以及安史之乱在中晚唐人心中梦魇一般的存在。"大历十才子之一"

李端在《荆门歌送兄赴夔州》中写道："曾为江客念江行，肠断秋荷雨打声。"在关于秋莲声音的描写中，这句尤为凄惨。晚唐李群玉《晚莲》写道："露冷芳意尽，稀疏空碧荷。残香随暮雨，枯蕊坠寒波。楚客罢奇服，吴姬停棹歌。涉江无可寄，幽恨竟如何。"晚秋时节，白露已降，晚莲凋零。诗人似乎是在有意回应以往关于莲的作品：叶、香、蕊，是此前诗人写莲时常捕捉的细节，在秋日里却都一一残落、消散，诗中常出现的"楚客""吴姬"也都停止了活动。诗中一片寂寥，空余幽恨。南唐中主李璟《山花子》："菡萏香销翠叶残，西风愁起绿波间。还与韶光共憔悴，不堪看。细雨梦回鸡塞远，小楼吹彻玉笙寒。多少泪珠何限恨，倚栏干。"诗中将香销叶残的秋莲直接与"愁""憔悴""泪珠""恨"等这些词相关联，悲苦之情一泻而出。

宋代陈与义作词《虞美人》："扁舟三日秋塘路，平度荷花去。病夫因病得来游，更值满川微雨洗新秋。去年长恨拏舟晚。空见残荷满。今年何以报君恩？一路繁花相送到青墩。"这首词的前面有一段小序，写了作该词的背景和缘由："余甲寅岁自春官出守湖州，秋杪，道中荷花无复存者。乙卯岁，自琐闼以病得请奉祠，卜居青墩镇。立秋后三日行，舟之前后如朝霞相映，望之不断也。以长短句记之。"小序说到宋高宗绍兴四年（1134）秋末，作者自礼部侍郎（春官）出知湖州，绍兴五年（1135）二月入朝为给事中，六月托病请辞，立秋后三日成行，得以卜居青墩。前一年自临安到青墩，"空见残荷满"，沿途所见皆败荷残叶，怅憾满怀。后一年，从自临安奔赴青墩卜居的路上，荷花盛开，"一路繁花相送"，心胸为之一畅。作者之所以在绍兴五年托病请辞，据史料记载，原因是在朝中"论事不合"，因此奔赴青墩躲避纷争，获得解脱，倍感轻松。王国维《人间词话》中讲"一切景语，皆情语也"；陈与义两次看秋莲的不同，想来也不仅在于秋末与新秋的时节差异，更有

心境上的不同。（图 3-5、图 3-6）

图 3-5　宋　佚名《疏荷沙鸟图》册页

绢本设色，纵 25 厘米，横 25.6 厘米

故宫博物院藏

（图片引自《故宫博物院藏品大系·绘画编 4·宋辽金》，

紫禁城出版社，2008 年）

图 3-6　宋　佚名《晚荷郭索图》扇面

绢本设色，纵 23.9 厘米，横 24.7 厘米

故宫博物院藏

（图片引自《故宫博物院藏品大系·绘画编 4·宋辽金》，

紫禁城出版社，2008 年）

《晚荷郭索图》扇面画旧题五代西蜀宫廷画家黄居寀所作。画中一只硕大的河蟹持螯舞爪，踞于残荷叶之上，肥重的身躯竟将荷梗压折。秋日里，莲子饱满，芦荻低垂。面中虽画秋日，但由于有河蟹的加入，而饶有趣味、生意。画名中"郭索"二字，指螃蟹爬行时窸窣的声音，常作螃蟹的代称。螃蟹"持螯""横行"，却又"风味极可人"，文人常因之作讥讽调笑之语，或有谐趣，或抒胸中块垒。该画对开有清乾隆皇帝御题诗一首："从来螯蛫善横行，稻熟秋风意气生。甲介向称无所畏，如何每入膳人烹。"钤"万有同春""即事多所欣""古稀天子""八徵耄念之宝""太上皇帝之宝"多方玺印，曾为清宫内府收藏，宫廷书画著录《石渠宝笈续编》有载。

古代文学中若将秋莲与女子相联系，常寓意容颜衰老或爱情求而不得，相思之苦。南朝陆厥《中山王孺子妾歌》："如姬寝卧内，班妾坐同车。洪波陪饮帐，林光宴秦馀。岁暮寒飙及，秋水落芙蕖。子瑕矫后驾，安陵泣前鱼。贱妾终已矣，君子定焉如。"这是宫廷女子对自己命运的哀惋，昔日与君王欢爱，同车舆，共宴饮，但青春流失，色衰爱弛，如"秋水落芙蕖"，随后将是孤寂无望的余生。南朝民歌《西洲曲》："采莲南塘秋，莲花过人头。低头弄莲子，莲子青如水。"借助花与莲子，将女子的思念写得清冷如水。唐代李白《折荷有赠》写道："涉江玩秋水，爱此红蕖鲜。攀荷弄其珠，荡漾不成圆。佳期彩云里，欲赠隔远天。相思无由见，怅望凉风前。"开篇秋高气爽，江上泛舟，莲花鲜红，轻松惬意。然而场景突然一转，女子抚弄荷叶，却发现荷叶上的露珠并非圆形，引发思念之情，情人远隔天边，相思不得见，正如荷上露水不得圆满。诗尾与开篇的明丽轻松形成对比，更显惆怅凄婉。北宋欧阳修《渔家傲·荷叶田田青照水》："荷叶田田青照水，孤舟挽在花阴底。昨夜萧疏微雨坠，愁不寐，朝来又觉西风起。雨摆风摇金蕊碎，合欢枝上香房翠。莲子与人长厮类，无好意，年年苦在中心里。"一夜的雨疏风骤，莲花连金黄的花蕊都被捣碎，残败不堪。莲花比喻女子，合欢枝寓意爱情，而今合欢枝上结出的是苦在心里的莲子，意指恩爱不再，感情生变。元代萨都刺的宫廷诗歌《四时宫词四首·秋词》写道："清夜宫车出建章，紫衣小队两三行。石阑干畔银灯过，照见芙蓉叶上霜。"清凉如水的夜色中，载有后妃的车从皇宫驶出，"芙蓉叶上霜"仿佛是专门为这一幕情节配上的景物特写，芙蓉比拟美人，但叶上"霜"又暗示出其失意的境遇。明代冯琦《秋莲》写道："坐对芙蓉沼，行歌棠棣吟。相依香漠漠，独立影沉沉。人自怜芳艳，谁当识苦心。秋风渐萧索，结子已如今。"秋风萧索，女子对坐莲池，花木相依偎，女子却孤影自怜，爱情不得圆满，正如莲子结心，苦在当中。

不过并非所有的秋莲都是悲伤寂寥的，自有乐观、豁达、得意者，在他们眼中，"秋日胜春朝"。例如：

仪鸾殿早秋

唐太宗

寒惊蓟门叶，秋发小山枝。

松阴背日转，竹影避风移。

提壶菊花岸，高兴芙蓉池。

欲知凉气早，巢空燕不窥。

仪鸾殿早秋侍宴应诏

长孙无忌

金飙扇徂暑，玉露下层台。

接缕芳筵合，临池紫殿开。

日斜林影去，风度荷香来。

既承百味酒，愿上万年杯。

奉和仪鸾殿早秋应制

许敬宗

睿想追嘉豫，临轩御早秋。

斜晖丽粉壁，清吹肃朱楼。

高殿凝阴满，雕窗艳曲流。

小臣参广宴，大造谅难酬。

上面三首诗是唐太宗在洛阳仪鸾殿与朝臣唱和之作，唐太宗作《仪鸾殿早秋》，长孙无忌作《仪鸾殿早秋侍宴应诏》，许敬宗作《奉和仪鸾殿早秋应制》相和。唐太宗的"提壶菊花岸，高兴芙蓉池"中没有萧索之意；长孙无忌的"日斜林影去，风度荷香来"，更是一反以往残荷无香的套路；"既承百味酒，愿上万年杯"，体现了臣子对帝王的无限颂扬。君臣间的唱和之作华丽典雅，太平盛世，万物皆沐圣泽，即使是秋莲也不应有愁惨之状。同样是御制诗，一千年以后，清高宗乾隆皇帝写下了《御制九月初三见荷》："霞衣犹耐九秋寒，翠盖敲风绿未残。应是香红旧寂寞，故留冷艳待人看。"诗中的秋莲耐寒御风，傲骨铮铮。康熙皇帝一生励精图治，他对自己曾有"君者勤劳一生，了无休息"的评价，其笔下的秋莲也是借物抒其壮怀。北宋苏轼《赠刘景文》写道："荷尽已无擎雨盖，菊残犹有傲霜枝。一年好景君须记，最是橙黄橘绿时。"苏轼称该诗的受赠之人刘景文为"慷慨奇士"，与他诗酒往还，交谊颇深。诗中描绘深秋时节荷枯菊残，但这并不令人惆怅，橙黄橘绿提醒人们收获时节的喜悦，这又何尝不是一年中最美好的时节。这首诗一扫文人惯有的"伤春悲秋"的情怀，可以想见在苏轼与刘景文的交往中，二人所持的豁达疏朗、乐观洒脱的情怀。

明初"吴中四杰"高启的《陈氏秋容轩》："雨过落红蕖，斜阳半江冷"。写雨过之后的红莲，纷纷被打落，顿觉夏意阑珊。高启的另一首诗《秋望》写道："霜后芙蓉落远洲，雁行初过客登楼。荒烟平楚苍茫处，极目江南总是秋。"写深秋霜落之后莲花凋落，虽写江南景致，却并非人们印象中的凄楚婉约的意境，而有远阔苍茫之气。陈献章写有《盆池栽莲至秋始花》其一："栽种已后时，花发秋将迟。虽无女伴采，亦有山蜂知。叶稀因地力，香远是天资。安得三闾手，临轩赋楚词。"其二："秋露开炎萼，非时不遣誇。盆中玉井水，溪上春陵家。酒醒凉风发，诗成缺月斜。愿为若耶叟，种水作生涯。"陈献章是广州府新会县白沙里人，人称白沙先生，是明代心学的代表人物，明朝从祀孔庙的四人之一。陈献章一生中只短暂地担任过吏部的小吏，大部分时间都是潜心学问，居乡讲学。《盆池栽莲至秋始花》两首诗叙述了诗人居家的一桩小事。明代盆栽莲已成为常见的文人案头清供，这一年里陈献章也栽种了一盆，但栽种晚了，长得稀稀疏疏，花期也错过盛夏，直到秋季才开花。陈献章家中观花，思接千载，想到三闾大夫赋楚辞，想到西施浣纱的若耶溪，想到越女吴娃采莲，最后也表达了自己的志向，不贪慕功名利禄，只做一个若耶溪边种莲花的老头。花虽稀松平常，在主人眼中却十分可爱。这是一个十分私人化、独白式的叙述，写得俏皮散淡。

（三）采莲

　　"采莲"是中国古代文学艺术中一个常见的母题。采莲是江南民间由来已久的采摘农事，六、七月莲花最盛，风和日丽天，妙曼的女子入湖采莲，摇着小船，群歌互答，出入碧叶红花间，采莲因此成为最富诗意的农事活动。年轻女子采莲还会引得多情男子观看，男女唱歌对答，表达爱意。"采莲诗"最早的文献记载见于汉乐府《江南》："江南可采莲，莲叶何田田。鱼戏莲叶间。鱼戏莲叶东，鱼戏莲叶西，鱼戏莲叶南，鱼戏莲叶北。"文献记载这首诗是汉武帝时乐府采之于"吴楚汝南"的民歌，在乐府的分类中属于"相和歌词"，即一人唱、多人和。现代研究者认为"江南可采莲，莲叶何田田。鱼戏莲叶间"是一人独唱部分；"鱼戏莲叶东，鱼戏莲叶西，鱼戏莲叶南，鱼戏莲叶北"是多人相和部分。诗中细节刻画，简洁地勾勒出江南采莲场景，并隐喻男女爱情，开创了后世"采莲"的滥觞。

魏晋南北朝文学中"采莲"题材走向不断深化与丰富。齐梁年间引民歌入宫廷文学，采莲曲染指了宫廷诗的情调。梁简文帝萧纲撰《采莲赋》：

采莲赋

望江南兮清且空，对荷花兮丹复红。卧莲叶而覆水，乱高房而出丛。楚王暇日之欢，丽人妖艳之质。且弃垂钓之鱼，未论芳萍之实。唯欲回渡轻船，共采新莲。傍斜山而屡转，乘横流而不前。于是素腕举，红袖长。回巧笑，堕明珰。荷稠刺密，亟牵衣而绾裳；人喧水溅，惜亏朱而坏妆。物色虽晚，徘徊未反。畏风多而榜危，惊舟移而花远。

歌曰："常闻蕖可爱，采撷欲为裙。叶滑不留綖，心忙无假薰。千春谁与乐？唯有妾随君。"

汉乐府《江南》描绘的是自由天地间的劳动男女，是"劳者歌其事"；而萧纲的《采莲赋》改换为楚王与宫廷丽人采莲之景象。在萧纲的笔下，采莲的场景第一次被如此细腻精致地描绘。莲花红艳，莲叶覆水而卧，莲蓬高举，莲的各个部位由形而色皆被细致描摹。采莲者"举素腕""红袖长""回巧笑""堕明珰"，这些丽人好似被特写镜头所捕捉。不过与汉乐府《江南》意象至简，不事雕琢的大美相比，萧纲的《采莲赋》镂金错彩，刻意雕琢，虽精巧华丽，但不免伤于琐碎轻艳。《采莲赋》最后的歌中"常闻藕可爱，采撷欲为裙"，讲的是丽人因为莲的可爱，因此要采撷来做衣裙。屈原《离骚》中"以莲为衣"意向在此也发生了偏转，做衣者不再是不改素志的失意夫子，而变为采莲丽人。

萧纲的弟弟梁元帝萧绎也作有《采莲赋》："紫茎兮文波，红莲兮芰荷。绿房兮翠盖，素实兮黄螺……恐沾裳而浅笑，畏倾船而敛裾。泛柏舟而容与，歌采莲于江渚。歌曰：碧玉小家女，来嫁汝南王。莲花乱脸色，荷叶杂衣香。因持荐君子，愿袭芙蓉裳。"该赋开篇对莲的描摹同样十分细腻，由茎到花，再到莲蓬、莲子，以视线做触摸式观察，颜色紫、红、绿、黄，绚烂多彩。采莲女子婉丽多姿，并非劳动女子做派，而是宫廷丽人形貌。结尾的歌，小家碧玉来嫁汝南王，又写宫廷之事，"因持荐君子，愿袭芙蓉裳"，此处"以莲为衣"者换作君王，《离骚》中的"莲衣"再次被扩大化使用。我们看到在这些南朝宫廷诗歌中，莲与采莲的微妙细节被敏感地捕捉到，"采莲曲"被贵族化，文字描述"力渐柔而采渐缛"。

魏晋南北朝的民间诗歌中也保留有"采莲曲"。南朝民歌《西洲曲》被视为南朝乐府之绝唱，其中描写采莲情景："开门郎不至，出门采红莲。采莲南塘秋，莲花过人头。低头弄莲子，莲子青如水。置莲怀袖中，莲心彻底红。""开门郎不至，出门采红莲"描写流畅自然；"采莲南塘秋，莲花过人头"，全无细枝末节、声色浓艳的刻画，简洁、空灵；"置莲怀袖中"，尽显真爱之心；"莲心彻底红"，以喻爱心之坚贞赤诚。《西洲曲》如同汉乐府《江南》一样自然高妙，但更平添回环婉转的韵致，情味悠长。

隋唐之际，北方人倾慕江南文化，采莲曲也由南及北，遍布全国。宫廷宴乐也奏采莲曲，如唐代包何《阙下芙蓉》所说"天上河从阙下过，

江南花向殿前生……更对乐悬张宴处,歌工欲奏采莲声"。宫廷之中的
采莲曲仍旧延续南朝宫廷文风;宫廷之外的采莲曲则展现出唐代采莲曲
有别于南朝的特点。"初唐四杰"之一王勃《采莲曲》写道:"采莲归,
绿水芙蓉衣。秋风起浪凫雁飞。桂棹兰桡下长浦,罗裙玉腕轻摇橹……
塞外征夫犹未还,江南采莲今已暮。今已暮,采莲花。"这首诗中采莲
女由宫中娇娥恢复了民女之身,诗人将采莲从宫廷带回了民间,并且
"塞外征夫犹未还"一句还在采莲诗中融入边塞诗的因子,将采莲诗从
南朝精致纤巧的宫廷诗风带入了舒朗大气的初唐气象中。王勃之后文坛
的采莲题材开创出更为多元的面貌,采莲成为重要的文学意象和文学母
题,并影响到其他的艺术形式。唐代张潮《采莲词》写道:"朝出沙头
日正红,晚来云起半江中。赖逢邻女曾相识,并著莲舟不畏风。"清晨
红日初升出发采莲,傍晚时分云头笼罩江面,天色欲变,幸亏遇到邻家
采莲女,两只莲舟并一处,这样就不怕风劲浪险。该诗也是描写民间女
子质朴的生活场景,从民歌中吸收语言营养(图3-7)。王昌龄《采莲
曲》之二:"荷叶罗裙一色裁,芙蓉向脸两边开。乱入池中看不见,闻
歌始觉有人来。"对荷花的描写不是魏晋南北朝时静态的凝视,而是具
有一种轻松流畅的运动感;"芙蓉向脸两边开"还确立了一种人面、荷
花交相映的写作模式。李白《越女词五首》其三:"耶溪采莲女,见客
棹歌回。笑入荷花去,佯羞不出来。"此诗是李白游历吴越时所作,吴
姬越女采莲的日常情态,生动可感,具有风土人情味道。李白《采莲曲》:
"若耶溪边采莲女,笑摘荷花共人语。日照新妆水底明,风飘香袖空中
举。岸上谁家游冶郎,三三五五映垂杨。紫骝嘶入落花去,见此踟蹰空
断肠。"延续了采莲诗中的爱情主题。南唐李中《采莲女》:"晚凉含笑
上兰舟,波底红妆影欲浮。陌上少年休植足,荷香深处不回头。"诗中
将少年男女的爱情写得朴素纯真。

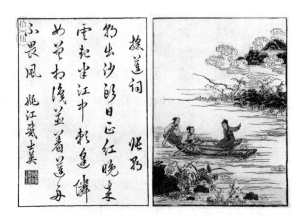

图 3-7　明　黄凤池《唐诗画谱》版画插图
（图片引自《彩绘唐诗画谱》，北京大学出版社，2016 年）

　　《唐诗画谱》由明代徽州藏书家、刊刻家黄凤池编纂，收录唐诗并为之配画，采取一诗配一画的格局。本图即唐代张潮《采莲词》："朝出沙头日正红，晚来云起半江中。赖逢邻女曾相识，并著莲舟不畏风。"

　　随着采莲题材的文学作品不断丰富，日渐兴盛，采莲在历史、文学、艺术等中也被泛化、程式化地使用，西施、虞姬、苏小小等有名的江南女子，无论原本身份如何，最终都被演绎成"兼职"采莲。唐代冯待徵《虞姬怨》："妾本江南采莲女，君是江东学剑人。"李白《子夜四时歌·夏歌》："镜湖三百里，菡萏发荷花。五月西施采，人看隘若耶。回舟不待月，归去越王家。"宋代杨泽民《蓦山溪·当年苏小》："当年苏小，家住苕溪尾。一棹采莲归，悄羞得、鸳鸯飞避。"采莲已经成了一种意向，在关于江南的人情风物，文化图景上挥之不去。

　　唐宋之际，宫廷之中还流行采莲乐舞。《宋史·乐志》载："六曰《采莲队》，衣红罗生色，绰子系晕裙，戴云鬟髻，乘彩船，执莲花。"《东京梦华录》记载了天宁节为皇帝上寿，在第七盏御酒时表演《采莲队》舞的过程："或舞《采莲》，则殿前皆列莲花，槛曲亦进队名。参军色作语问队，杖子头者进口号，且舞且唱。乐部断送《采莲》讫，曲终复群舞。"南宋绍兴十一年（1141），南宋与金签订绍兴和议，形成宋金对峙局面，此后的四十年间南宋整体上维持了和平局面，朝野享乐之风复盛，宫廷中宴会连绵，乐舞生平，采莲舞成为宫廷队舞中的翘楚。南宋孝宗朝右丞相史浩，因善于"觞咏唱酬"，常侍宴会，得以亲观舞蹈，将之记录于所著的《鄮峰真隐漫录》中：

> 采莲舞，五人一字对厅立，竹竿子勾念："伏以浓阴缓鬓，化国之日舒以长；清奏当筵，治世之音安以乐。霞舒绛彩，玉照铅华。玲珑环佩之声，绰约神仙之伍。朝回金阙，宴集瑶池。将陈倚棹之歌，式侑回风之舞。宜邀胜伴，用合仙音。女伴相将，采莲入队。"
>
> ……
>
> 后行吹《采莲令》，舞转作一直了，众唱《采莲令》。
>
> ……
>
> 后打吹《采莲令》，舞分作五方。
>
> ……
>
> 花心出……花心念诗："我本清都侍玉皇，乘云取鹤到仙乡。轻舠一叶烟波阔，嗜此秋潭万斛香。"
>
> ……
>
> 唱了，后行吹《渔家傲》。五人舞，换坐，当花心立人念诗："我昔碟池饱宴游，竭来乐国已三秋。水晶宫里寻幽伴，菡萏香中荡小舟。"
>
> ……
>
> 花心出，念："但儿等玉京侍席，久陟仙阶；云路驰骤，乍游尘世。喜圣明之际会，臻夷夏之清宁。聊寻泽国之芳，雅寄丹台之曲。不惭鄙俚，少颂升平。未敢自专，伏候处分。"
>
> ……

唱了，后行吹《渔家傲》。五人舞，换坐，当花心立人念诗："我入桃源避世纷，太平才出报君恩。白龟已阅千千岁，却把莲巢作酒尊。"

唱了，后行吹《画堂春》。众舞，舞了又唱《河传》："蕊宫阆苑。听钧天帝乐，知他几遍。争似人间，一曲采莲新传。柳腰轻，莺舌啭。逍遥烟浪谁羁缚。无奈天阶，早已催班转。却驾彩鸾，芙蓉斜盼。愿年年，陪此宴。"

……

念了，后行吹《双头莲令》。五人舞转作一行，对厅杖鼓出场。①

由上述文字可知，南宋宫廷中的采莲舞是融舞蹈、演唱、旁白、器乐为一体。舞蹈由五名舞伎表演，她们的队形从"舞转作一直了""舞分作五方"到"花心出"等，作出一系列变换，直至最后"五人舞转作一行，对厅杖鼓出场"舞蹈结束，其间穿插着独唱、合唱、念诗及旁白念诗。由歌曲和诗的内容可知，五名舞伎扮演的是由天宫下到人间的仙女，她们驾舟采莲，颂扬人间帝王统治的太平盛世，最后因天庭召唤而回转仙界。念诗中描写采莲舞女"蹀躞凌波，洛浦未饶于独步；雍容解佩，汉皋谅得以齐驱"，化用曹植《洛神赋》典故，将舞女比作洛神。乐舞的唱词和诗中描写采莲场景"轻舠一叶烟波阔""水晶宫里寻幽伴，菡萏香中荡小舟"。对当朝盛世的颂扬写道："喜圣明之际会，臻夷夏之清宁。聊寻泽国之芳，雅寄丹台之曲。不惭鄙俚，少颂升平。""我入桃源避世纷，太平才出报君恩。"乐舞的诗中还将宫廷宴会比作"宴集瑶池"，采莲舞女恍若仙女，翩翩而至，现实的宫廷乐舞与神仙世界梦幻般融合。

① 史浩，采莲舞 [M]// 史浩. 鄮峰真隐漫录. 杭州：浙江古籍出版社，2016：779.

四、清赏聚瑞——莲的艺术意向

艺术作品的可贵之处在于为我们保留了一套完整的"视觉文化体系"。在中国艺术中,莲的形象丰富,表现形式和技法多样,出现于园林、陈设、绘画、实用器具等各艺术门类中。各个历史时期,艺术中莲的图式在不同的载体中,在形式、语言、含义、审美意趣上会有差异。在品鉴与莲有关的艺术品时,不仅可以看到古人眼中的莲,也可以看到古人如何赏莲、植莲、品莲。一方面,莲的图式在艺术中就如同一个符号,既有表示其物质形式的能指,又有代表思想观念的所指;另一方面,这些符号的组合,也为我们观者营造了一种文化景观,我们可以从中多角度理解莲文化。

从形式美学的角度来看,莲有着其他花卉所不具备的独特美感。莲的花形硕大,花叶广如伞盖,相较于梅、兰、桃、李等这些花形较小的花卉,莲可以表现出"大特写"的效果。莲的雍容娇艳之貌、枯寂清疏之姿、正侧偃仰之势,甚至芯蕊微妙之态,都可以被醒目地表现。莲的花瓣舒展而饱满,莲茎颀长,高于水面,其袅娜婷婷的美感是其他花卉不可比拟的。莲花颜色或粉或白,莲叶色如碧玉,即使是以自然主义的手法对之进行描绘,其颜色也既可淡然素雅,亦可热烈娇艳。从图像含义的角度来看,艺术中的莲除了自身的文化含义外,还与水的文化内涵相关。中国艺术中常表现的花卉如梅、兰、菊、牡丹、桃李等多为陆生植物,而莲为水生植物。中国文化讲究乐山乐水,儒家讲"仁者乐山,智者乐水";道家谓"上善若水,水善利万物而不争"。水,虚静而致远,是中国艺术重要的主题之一。中国艺术中无论对山水的表现,还是对花卉的表现,最终都会上升到生命哲学的高度。艺术中的莲,尽莲之生意与情态,也包含自然与人生生不息的关联,乃至"含道映物"的最高的宇宙哲学。

（一）莲与中国古典园林

中国古代园林，叠石、凿水、植花木，虽由人作，宛自天成，其最高境界乃是追求自然之美。以莲布置水景，在中国园林中非常普遍，几乎到了"无水不园林，无荷不水景"的程度。莲在古代有"湖目"的美誉，唐代皮日休《夏景冲澹偶然作》中有"天台画得千回看，湖目芳来百度游"之句；宋代苏轼《忆江南寄纯如五首·其二》有"湖目也堪供眼，木奴自足为生"之语，其中的"湖目"即莲花。莲可以说是湖的"点睛之笔"，是赏心悦目，生命灵气之所在。

文献记载，早在春秋时期，吴王夫差就建"玩花池"，据说是专为西施赏荷而凿。秦汉统一天下，兴建宫殿、园林之风日盛，莲成为皇家园林中水景组成部分。《史记·孝武本纪》记载汉武帝太初元年（前104）十一月柏梁台被烧毁，汉武帝听从大臣的建议，建造了规模更为宏大的建章宫，并在建章宫的北侧修建太液池。由于汉武帝痴迷于求仙，因此太液池中模拟仙境，营建了蓬莱、方丈、瀛洲三座海上仙山，形成了影响千年的"一池三山"的仙苑式的皇家园林。《三辅黄图》引《庙记》记述太液池"周回十顷，有采莲女鸣鹤之舟"[①]。太液池中种植莲，并仿制江南采莲的采莲舟。东汉班固《西都赋》描述太液池："滥瀛洲与方壶，蓬莱起乎中央。于是灵草冬荣，神木丛生。"太液池中的植物"灵草""神木"也俨若仙草，成为营造皇家园林神仙境界的重要因素。《三辅黄图》还记载汉成帝"常以秋日与赵飞燕戏于太液池，以沙棠木为舟，以云母

---

① 何清谷.三辅黄图校释[M].北京：中华书局，2005：264.

饰于鹢首，一名云舟。又刻大桐木为虬龙，雕饰如真，夹云舟而行。以紫桂为柁栧，及观云棹水，玩撷菱藕"①。由此可知，皇帝与嫔妃乘雕饰华丽的云舟龙船，在太液池采撷莲花成了帝王宫苑游乐的一个项目；并且太液池中嫔妃、宫女的采莲还与民间采莲女的形象相叠加，将源自生产劳作的采莲活动转变为宫苑、莲、采莲女相组合的审美意向。汉昭帝时皇家园林中开始培植莲的新品种，《三辅黄图》记载："汉昭帝元始之年，穿琳池，广千步，池南起桂台以望远，东引太液之水。池中植分枝荷，一茎四叶，状如骈盖，日照则叶低荫根，若葵之卫足也，名曰低光荷。实如玄珠，可以饰佩，花叶虽萎，芬馥之气彻十余里，食之令人口气常香，益脉治病。宫人贵之，每游燕出入，必皆含嚼，或剪以为衣。或折以障日，以为戏弄。"②汉昭帝时皇家园林琳池中培植有新品种，名为"低光荷"，不仅花叶新奇，"一茎四叶，状如骈盖"；并且莲子如"玄珠"，花叶芬芳，"气彻十余里"。宫廷之中对这种莲的运用是全方位的，观赏、佩戴、食用、蔽日，还模仿《楚辞》所说的以莲为衣。东汉张衡《东京赋》描写汉明帝宫廷苑囿之场景："濯龙芳林，九谷八溪。芙蓉覆水，秋兰被涯渚戏跃鱼。"濯龙池在芳林苑之中，池沼中莲覆盖着碧水，秋兰铺满了池周围，鱼儿戏游。

在曹魏时期的邺下城，宫廷后苑中有"芙蓉池"，用以种莲、赏莲，曹丕、曹植等均有"芙蓉池诗"。南朝建都建康（今南京），得地利之便，宫廷和贵族园林之中莲花更盛。梁武帝《雍台》一诗写道："日落登雍台，佳人殊未来。绮窗莲花掩，网户琉璃开。"展现了宫廷苑囿之中莲花掩映的场景。梁武帝的《子夜四时歌十六首·夏歌四首其一》："江南莲花开，红光覆碧水。"萧衍的《首夏泛天池诗》："藻苹相推移。碧

---

① 何清谷 . 三辅黄图校释 [M]. 北京：中华书局，2005：273.

② 何清谷 . 三辅黄图校释 [M]. 北京：中华书局，2005：273.

沚红菡萏。"南朝文臣徐陵《奉和简文帝山斋》："架岭承金阙。飞桥对石梁。竹密山斋冷。荷开水殿香。"这些诗作使我们借由帝王的眼光，窥视到当时宫廷园林种植莲的状况，以及社会上层对莲的喜爱之情。

魏晋南北朝佛教兴盛，一些佛寺园林之中亦种植莲。北魏杨衒之《洛阳伽蓝记》一书记载了洛阳佛寺状况。北魏社会上层生活奢侈浮华，大兴修建宅邸园林之风。"帝族王侯、外戚公主，擅山海之富，居川林之饶，争修园宅，互相夸竞。"[①] 由于贵族对佛教的虔诚信仰，社会上出现了"舍宅为寺"的风气，也就是将自己的私家宅邸捐赠给寺院，使其转变为寺院园林：如河间王元琛甚为奢豪，经河阴之变后，其宅邸变为河间寺，其园林中"沟渎蹇产，石磴礁嶢，朱荷出池，绿萍浮水，飞梁跨阁，高树出云"[②]。由于这些寺院是贵族"舍宅"而建，所以其等级和豪华程度是一般的私人园林不可比拟的。在古代，寺院不仅是专门的宗教场所，也充当着公共空间的角色。寺院的园林是为数不多的可以向公众开放的公共园林。洛阳宝光寺园内"咸池"之中，"葭菼被岸，菱荷覆水，青松翠竹，罗生其旁。京邑士子，至于良辰美日，休沐告归，征友命朋，来游此寺。雷车接轸，羽盖成阴。或置酒林泉，题诗花圃，折藕浮瓜，以为兴适。"[③] 寺院不仅是拜佛发愿之地，京城士子也来此宴游吟诗，赏莲折藕，这些活动亦可带动社会上下的赏莲风气。

唐代，园林种植莲花已属普遍。在长安，皇家园林中太液池、兴庆宫池等处都种有莲花。太液池位于大明宫内，唐王涯《秋思》写道："宫

① 杨衒之.洛阳伽蓝记校注 [M].范祥雍，校注.上海：上海古籍出版社，2018：206.

② 杨衒之.洛阳伽蓝记校注 [M].范祥雍，校注.上海：上海古籍出版社，2018：209.

③ 杨衒之.洛阳伽蓝记校注 [M].范祥雍，校注.上海：上海古籍出版社，2018：199.

连太液见沧波，暑气微消秋意多。一夜清风苹末起，露珠翻尽满池荷。"
便是形容此处满池荷花的景象。^①现在考古学家在太液池底发掘了很多
带莲藕的莲花遗痕，与古代诗句形成了印证。兴庆池是长安城"三大内"
之一兴庆宫（"西内"太极宫、"东内"大明宫、"南内"兴庆宫）的主
要景观。景龙四年（710）四月六日，中宗游宴兴庆池，侍臣武平一作
《兴庆池侍宴应制》诗："銮舆羽驾直城隈，帐殿旌门此地开。皎洁灵潭
图日月，参差画舸结楼台。波摇岸影随桡转，风送荷香逐酒来。愿奉圣
情欢不极，长游云汉几昭回。"诗中描绘的是承平之日，皇帝銮驾亲临
兴庆池，亭台楼阁，游船画舫，波光留影，恍若云汉仙境。在这宫苑池
沼游览中，莲似乎已经是必不可少的景致，游船画舫，风送荷香，一派
祥和雍容的氛围。

　　唐代长安城水景园林中我们最为熟悉的是芙蓉园和曲江池。芙蓉园
位于慈恩寺附近，为莲花专类皇家宫苑。曲江池位于唐代长安城东南隅，
以莲花水景主，韩愈有"曲江荷花盖十里"之句，可知其莲花之繁盛。
曲江池既是帝王宴游之地，也可供大众游乐，唐代林宽《曲江》写道：
"曲江初碧螺草初青，万毂千蹄匝岸行。倾园妖姬云鬓重，薄徒公子雪衫
轻。"该诗展现了春日里，长安市民云集此处，游人如织的场景。唐代
进士新科及第，皇帝会赐宴曲江池，"及第新春选胜游，杏园初宴曲江
头"是唐代刘沧进士及第时写下的诗句，鲜衣怒马，文采风流，更平添
了曲江池在历史上的知名度。

　　唐代一些达官显贵的私家园林和寺院园林也种植莲花。通过初唐诗
人的一些应制诗我们可以窥探其状况。许敬宗《安德山池宴集》："台

---

① 历史上有"曲江池即芙蓉池"的观点，也有观点认为二者是不同的两个景点。
　见耿占军. 关于曲江池与芙蓉园、芙蓉池的关系问题 [J]. 西安教育学院学报，
　2003(3)：11-12.

榭疑巫峡，荷蕖似洛滨。"描写的是唐初重臣杨师道的安德山池。刘宪
《奉和幸礼部尚书窦希玠宅应制》："北斗枢机任，西京肺腑亲。畴昔王
门下，今兹御幸辰……摘荷才早夏，听鸟尚余春。"描写的是中宗朝礼
部尚书窦希玠宅邸之中的园林场景，中宗尝幸其宅，与修文馆学士宴
饮赋诗。杜审言《和韦承庆过义阳公主山池五首·其三》"杜若幽庭草，
芙蓉曲沼花。宴游成野客，形胜得仙家"；宋之问《太平公主山池赋》
"翠莲瑶草，的烁纷披……奇树抱石，新花灌丛……罗八方之奇兽，聚
四海之珍禽"；刘宪《侍宴长宁公主东庄应制》"公主林池地……夏早
摘芙蕖"。这几首诗分别写高宗之女义阳公主、太平公主、中宗之女安
乐公主庄园之中的景致，公主作为皇族中的一员，也是私家园林的重要
推动者。这些园林精美侈丽，犹如人间仙境，这里频繁举行游赏宴饮，
显贵赏莲，文官侍臣咏莲已经成为上层人士生活的一部分。

　　文人士大夫在庭院别业中也种植莲，于尘嚣中满足泉石隐逸之好，
雅集清赏，酌酒弄弦，歌咏记之，促进文人阶层赏莲、爱莲风尚的传
播。陈子昂《薛大夫山亭宴序》写道："尔其华堂别业，秀木清泉。去
朝廷而不遥，与江湖而自远。名流不杂，既入芙蓉之池；君子有邻，还得
芝兰之宝。披翠微而列坐，左对青山；俯盘石而开襟，右临流水。斟绿酒，
弄清弦，索皓月而按歌，追凉风而解带。"满足了不下廷筵，坐穷丘壑
的愿望，酌酒弄弦一派风流。盛唐诗人王维的辋川别业有临湖亭，诗中
描绘道"当轩对尊酒，四面芙蓉开"，文人眼中的莲潇洒酣畅。

　　唐代寺院园林的莲也可在唐代诗文中捕捉到信息。白居易《龙昌寺
荷池》："冷碧新秋水，残红半破莲。从来寥落意，不似此池边。"为佛
寺赏莲之作。卢纶《同崔峒补阙慈恩寺避暑》："寺凉高树合，卧石绿
阴中。伴鹤惭仙侣，依僧学老翁。鱼沉荷叶露，鸟散竹林风。始悟尘居
者，应将火宅同。"卢纶与友人观寺院中"鱼沉荷叶露"之景，参悟大

乘佛教"火宅"之喻。贾岛在《宿慈恩寺郁公房》中写道："病身来寄宿，自扫一床闲。反照临江磬，新秋过雨山。竹阴移冷月，荷气带禅关。独住天台意，方从内请还。"贾岛早年曾出家，被誉为"诗僧"，他抱恙寄居佛寺，"禅眼"观花，悟得"荷气带禅关"。唐代广大的善男信女在参禅礼佛之际可游览寺中园林花木，文人士大夫公务间歇，避暑休闲，身体调养也可寄寓于佛寺之中，园林之中的莲可以成为他们观赏、寄情、参禅的对象。

宋初都城汴梁西郊有金明池，北宋末年徽宗在城北部疏浚了曲江池，西北隅修龙德宫，这些皇家苑囿皆有莲景。南宋刘祁《归潜志》载龙德宫："其间楼观花石甚盛，每春三月花发，及五六月荷花开，官纵百姓观。"① 龙德宫五六月份荷花盛开，百姓被允许观看。南宋临安的德寿宫是高宗退位后的居所，赵构在这个"气象繁盛"的宫殿中度过了惬意的晚年时光。《武林旧事》记载淳熙九年（1182）八月十五日太上皇赵构留孝宗赵昚在德寿宫赏月，晚宴设在香远堂，这里有"大池十余亩，皆种千叶白莲"。赏月之时，湖两岸"列女童五十人，奏清乐""教坊工，近二百人""待月初上，箫韶齐举，缥缈相应，如在霄汉。"② 中秋月夜，宫廷之中亭台奢华，风送荷香，管乐升平，如在仙境。淳熙十一年（1190）六月初一，太上皇赵构邀孝宗来德寿宫避暑纳凉，"时荷花盛开，太上指池心云：'此种五花同干，近伯圭自湖州进来，前此未见也。'"③ 盛夏赏莲是皇帝问政之余休闲放松的雅事，令人称奇的是池中莲花"五花同干"，连见多识广的太上皇也前所未见。文中的"近伯圭"指孝宗赵昚的同母兄长嗣秀王赵伯圭，正是他投帝王所好由湖州进献了

① 刘祁.归潜志 [M]. 北京：中华书局，1953：67.

② 周密.武林旧事 [M]. 北京：中华书局，2007：205.

③ 周密.武林旧事 [M]. 北京：中华书局，2007：207.

这种莲花。（图4-1、图4-2）

图4-1　宋　佚名《江山楼阁图页》
绢本设色，纵23.3厘米，横24.3厘米
故宫博物院藏
（图片引自《故宫博物院藏品大系·绘画编4·宋辽金》，
紫禁城出版社，2008年）

　　《江山楼阁图页》描绘了宋代画宫廷园林景致，远山如黛，杨柳
依依，琼楼玉宇。池沼之中，莲叶覆水，杂以莲花，御苑风来菡萏香，
堪比瑶池胜境。

图 4-2　宋　冯大有《太液荷风》册页
绢本设色，纵 23.8 厘米，横 25.1 厘米
台北故宫博物院藏
（图片引自李毅峰主编：《台湾故宫博物院藏画》，
天津人民美术出版社、山东美术出版社，1998 年）

　　《太液荷风》描绘御苑太液池盛夏场景。风动莲池，莲叶偃仰倾侧，舒卷自如；红、白二色莲花高低参差，若隐若现；水面浮萍点点，水禽在莲茎间嬉戏，蛱蝶、燕子在空中飞舞。该画对幅题行书唐代王涯绝句："宫连太液见苍波，暑气微消秋意多。一夜秋风苹末起，露珠翻尽满池荷。"太液池原为汉代宫廷御池，后世历代宫廷御池也多沿用"太液"这一名称，甚至"太液"二字演化为富贵奢华的象征。

　　南宋都城西郊即是天然湖泊西湖。西湖水域广阔，南北两山环绕，融人工美于自然美之中，南宋时形成了"西湖十景"，南宋祝穆《方舆胜览》有对西湖十景的最早记载："山川秀发，四时画舫遨游，歌鼓之声不绝，好事者尝命十题，有曰：平湖秋月、苏堤春晓、断桥残雪、雷峰夕照、南屏晚钟、曲院风荷、花港观鱼、柳浪闻莺、三潭印月、两峰插云。"[①] 其中的"曲院风荷"便是专门以莲为主题的景观。曲院风荷原

---

① 祝穆. 宋本方舆胜览 [M]. 上海：上海古籍出版社，2012：7.

是官家酿酒的作坊，位于九里松旁，金沙涧畔，其地多荷，夏日沿堤数十丈红白莲花竞相开放。南宋的诗歌绘画中已出现了"西湖十景"主题，并在明清持续发展。"西湖十景"也进入绘画之中，南宋画家刘松年曾画《西湖图》、马麟画《西湖十景图》等，但这些作品均未保存下来，不过明清版画中保存有不少的"西湖十景图"。清代康熙、乾隆皇帝南巡，为"西湖十景"题名、赋诗，使"西湖十景"名声更盛。（图4-3、图4-4）

图4-3　明　刊本《西湖游览志》版画插图《曲院风荷》
（图片引自《西湖古版画》，杭州出版社，2020年）

明嘉靖年间田汝成编纂《西湖游览志》，其中配以版画插图。田汝成钱塘（今杭州）人，嘉靖五年（1526）进士，晚年由为官任上，退归故乡钱塘，有感于当时"西湖无志，犹西子不写照"，完成了《西湖游览志》，成为当时一部极具影响力的旅游畅销书。书中一幅插图《曲院风荷》，崇峰突兀，下临浩渺水波，荷花丛生。近景处两位文士凭栏而坐，远处归鸿高飞，一派悠然闲散景致。

图 4-4　明　董其昌《燕吴八景·西湖莲社》册页

绢本设色，纵 26.1 厘米，横 24.8 厘米

上海博物馆藏

（图片引自《中国美术分类全集·中国绘画全集 16·明 7》，

浙江人民美术出版社，2000 年）

　　画面中青山绿水，景致明秀，长堤上一文士策杖伫立，水面荷花点点，画上题跋为："西湖在西山道中，绝类武林苏公堤，故名。"描绘西湖苏堤景致。北宋苏轼曾任杭州通判，疏浚西湖，筑成苏堤，他的一首《饮湖上初晴后雨二首·其二》："水光潋滟晴方好，山色空蒙雨亦奇。欲把西湖比西子，淡妆浓抹总相宜。"此诗是描写西湖的"前无古人，后无来者"的巅峰之句。后世也将苏轼、西湖、莲的意向相叠加，成为文化史上的一道风景。

　　宋代私家园林已经很兴盛了，尤其是宋代文人文化兴盛，为园林注入了新的美学意趣。南宋陆游写《东篱记》记载自己开辟"东篱"小圃的事："放翁告归之三年，辟舍东茀地，南北七十五尺，东西或十有八尺而赢，或十有三尺而缩。插竹为篱，如其地之数……名之曰东篱。埋五石瓮，潴泉为池，植千叶白芙蕖，又杂植木之品若干，草之品若干，名之曰东篱。放翁日婆娑其间，掇其香以臭，撷其颖以玩。朝而灌，暮而锄。凡一甲坼，一敷荣，童子皆来报惟谨。放翁于是考《本草》以见其性质，探《离骚》以得其族类，本之《诗》《尔雅》及毛氏、郭氏之传，以观其比兴，穷其训诂。又下而博取汉魏晋唐以来，一篇一咏无遗者，反复研究古今体制之变革，间亦吟讽为长谣短章、楚调唐律，酬答风月烟雨之态度，盖非独娱身目遣暇日而已。"[①]陆游的东篱并不大，南北 75 尺，东西 18 尺，也较简陋，插竹为篱，即名"东篱"，园内置 5 个石瓮，蓄水为池，植千叶白莲，即为"莲池"。东篱具有文人小园精简朴素的典型特点。小园除了是日常消遣，自然陶冶之所外，也为陆游提供了证经明史的场所和素材，莲的生发、绽放皆被悉心观察，用以应征经史，探究古今体制之变。文人园林简洁淡泊，清新朴素是其神韵之美，融合文人的文心修养是其灵魂之美。

南宋与金议和后，不复留意于中原，士大夫流连歌舞，啸傲湖山。南宋《西湖繁胜录》记载了临安市井琐事及风土人情，其中有"荷花开，纳凉人多在湖船内，泊于柳阴下饮酒，或在荷花茂盛处园馆之侧。朝乡会亦在湖中，或借园内"[②]。（图 4-5）

① 陆游 . 陆游全集校注·渭南文集 [M]. 钱仲联，马亚中，校注 . 杭州：浙江教育出版社，2012.

② 西湖老人 . 西湖繁胜录 [M]. 北京：中国商业出版社，1982：11.

图 4-5 宋 佚名《柳塘钓隐》
绢本设色，纵 23.6 厘米，横 24 厘米
台北故宫博物院藏
（图片引自《宋画全集·第四卷·第 6 册》，
浙江大学出版社，2021 年）

　　《柳塘钓隐》描绘了文人幽居园林，自然山水间，柴篱茅舍，杨柳依依，池塘内风荷点点。画面右下角芦苇丛间主人正独倚扁舟，神色悠然，襟带荷香，隐居于山水园林间。

　　元大都（今北京市区）附近水源丰沛，池沼众多，莲景成了园林景致的重要部分。积水潭位于大都西部，在金中都时期被称为白莲潭，元代开始大规模开发与治理，漕运船只往来于此，带动附近商业、服务业。元代《都水监事记》一书记载积水潭："植夫渠荷芰，夏春之际，天日融朗，无文书可治，罢食启窗牖，委蛇骋望，则水光千顷，西山如空青，环潭民居、佛屋、龙祠，金碧黝垩，横直如绘画；而宫垣之内，广寒、仪天、瀛洲诸殿,皆岿然得瞻仰。"①积水潭种植莲花,春夏之际,正是赏莲时节,西山环翠,市井繁华,远眺宫殿巍峨,美丽景致纷沓而来。宫廷园林太液池,莲花水景是其主要景致。文献记载:"太液池在大内西,周回若千里,植芙蓉""己酉仲秋之夜,武宗与诸嫔妃泛月于禁苑太液池中。月色射波,池光映天,绿荷含香,鱼鸟群集。"元代宫廷诗歌对太液池莲花也多有吟咏,如"水心亭侧睡鸳鸯,御苑风来菡萏香。真个人间胜天上,清歌一曲贺新凉"②。明初太祖朱元璋的孙子朱有墩,获赐一老妇人,乃元后妃的乳母,深知元宫中掌故,并给了朱有墩百篇元代宫廷诗,其中有:"合香殿倚翠峰头,太液波澄暑雨收。两岸垂杨千百尺,荷花深处戏龙舟。"③讲的也是帝王游幸太液池,宫苑美景堪比瑶池胜境。

元代私家园林也不乏莲花景致。元代陶宗仪《南村辍耕录》记载:"京师城外万柳塘,亦一宴游处也。野云廉公,一日于中置酒,招疏斋卢公、松雪赵公同饮。时歌儿刘氏名解语花者,左手折荷花,右手执杯,歌《小圣乐》云……赵公喜,即席赋诗曰:'万柳堂前数亩池,平铺云锦盖涟漪。主人自有沧洲趣,游女仍歌白雪词。手把荷花来劝酒,步随芳草去寻诗。谁知咫尺京城外,便有无穷万里思。'此诗集中无。《小圣乐》乃小石调曲,元遗山先生好问所制,而名姬多歌之,俗以为'骤雨打新荷'者是也。"④文中提到的万柳塘位于大都城南,是元代名臣廉希宪的别业,在当时名噪一时,也是文人宴集的风雅胜地,其中廉希宪与两位声名显赫的翰林学士赵孟頫、卢挚的雅集是其中最著名的一次。

① 宋本《都水监事记》,苏天爵《元文类》卷三一国朝文类,四部丛刊本。

② 柯九思.辽金元宫词 [M].北京:北京古籍出版社,1988:94.

③ 柯九思.辽金元宫词 [M].北京:北京古籍出版社,1988:20.

④ 陶宗仪.南村辍耕录 [M].上海:上海古籍出版社,2012:102.

席间有刘氏歌姬，手把荷花来劝酒，唱当时的名曲《骤雨打新荷》，引得赵孟頫当时即兴赋诗一首。台北故宫藏一幅《万柳堂图》，描绘的即是此次雅集（图 4-6）。画面描绘庭院内花木郁郁葱葱，厅堂内三位文士围案而坐，侧旁一女子，着红衣黄裳，手执一茎莲花袅袅而立，展现了缙绅文人于园林中雅集的一派闲适风光。元代汝南王张柔在保州（今河北保定）凿塘挖池，种藕养荷，兴建园林，名为"香雪园"，后因荷花繁茂，又称"莲花池"，保留至今的保定古莲池即是此园。金代元好问在《顺天府日下旧闻考营建记》中曾有词曰："荷芰如绣，水禽飞鸣上下，君与游人共乐而不能去。"[1] 明清时期古莲池又几经修葺，为莲花专类园，成为保定八景之一"涟漪夏艳"。元代后期江南私人园林获得集中兴建，尤其江南文人在元朝时期缺乏走向仕途的机会，文学、艺术以及园林成为他们寄托精神的载体，文人园林成为江南园林的主体。例如，元末昆山顾瑛的玉山草堂、无锡倪瓒的清閟阁、苏州张适乐圃林馆、吴县徐达佑的耕渔轩等。元代江南园林中"莲池""荷花浦口"等已成为常见莲花景致。

明清时皇家园林有北京的北海、颐和园、承德避暑山庄等，这些园林中，莲花均是重要的水景。北海公园种植莲花可追溯到金代，当时这里被称作白莲潭，曾广植白莲。元代这里成为皇家禁苑，广种莲花，并设采菱、采莲之舟，帝王后妃乘舟泛游览。清光绪八年（1882）慈禧太后下懿旨，所有三海莲花、荷叶、藕，均被严格看管，不许再动，以供玩赏。管治北海的苑丞、苑户每年都要向宫廷进献一定数量的莲藕，以供御膳房之用。颐和园昆明湖在元代名为瓮山泊，是元大都西北郊的一处天然湖泊。由于水利工程的修建，瓮山泊水面大为拓展，并陆续增建

---

① 元好问. 元好问全集 [M]. 太原：山西人民出版社，1990：753.

图 4-6　明　佚名《万柳塘图》（局部）
纸本设色，纵 95.1 厘米，横 26.1 厘米
台北故宫博物院藏
（图片引自《故宫书画图录·卷四》，台北故宫博物院，1990 年）

　　《万柳塘图》曾被归于元代画家赵孟頫名下，但实际上是明代画家根据元代以来诸种笔记所载万柳堂雅集故事绘制而成。

园林建筑，并广种莲花，以拟仿杭州西湖之盛，因此亦名西湖。元代瓮山泊既作引水、蓄水、灌溉之用，也被当作游赏胜地，并在东岸修建长堤，称为西堤。明清时期，湖周围佛寺林立、皇家宫苑兴盛，并且西堤为"官堤"，有人值守，莲花无人敢擅自采摘，因此"荷年年盛一湖，无敢采采"，引得缙绅文士纷纷游览吟咏，明代冯汝骥《行经西湖》写道："西湖宣皇迹，辇道依然行。岸夹茭荷密，波摇松桧明。"在明代还形成了"西湖十景"，其中一景为"莲红缀雨"，是莲主题的景致。与杭州"西湖十景"中"曲院风荷"观赏风中之荷所不同的是，"莲红缀雨"

是赏雨中之荷，这可能也是将南北两处"西湖"莲景有意区别的结果。对莲在风中、雨中呈现的不同神韵，明末刘侗、于奕正在《帝京景物略》也有描述："荷，风姿而雨韵：姿在风，羽红摇摇，扇白翻翻；韵在雨，粉历历，碧玲玲，珠溅合，合而倾。"①

承德避暑山庄为清代康乾时期修建的行宫，康熙和乾隆两位皇帝各为避暑山庄题写了三十六景，合称"避暑山庄七十二景"，其中与莲直接相关的景致有"曲水荷香""香远益清""冷香亭""采菱渡""观莲所"五处，并且康熙和乾隆还为这些御题匾额，撰写诗歌、楹联。例如，乾隆皇帝在《恭和皇祖圣祖仁皇帝御制避暑山庄三十六景诗·其十五·曲水荷香》中写道："当年睿志尚高清，非慕濂溪癖爱名。重忆琼筵陪色笑，金匙常饱手调羹。"今避暑山庄冷香亭上有乾隆御题匾额"冷香亭"，乾隆皇帝还撰写七言绝句《再题避暑山庄三十六景诗·其十二·冷香亭》："四柱池亭绕绿荷，冷香雨后袭人多。七襄可识天孙锦，弥望盈盈接绛河。"北海、颐和园、避暑山庄等这些明清时期的皇家园林均保留至今，使得我们今天仍然可以欣赏到雕梁画栋、碧波万顷、接天莲叶、荷花飘香的胜景。

明清时期江南的私人园林尤为具有代表性。江南是文人缙绅、富商巨贾汇集之地，领社会风气之先，在明清时期迎来了其园林发展的盛期。建于明代的苏州拙政园以水景见长，园中的芙蓉榭、远香堂、香洲、荷风四面亭等都是观荷的胜地。荷风四面亭是建于园内池中的一座六角小亭，四面皆水，莲花亭亭净植，无论是夏天的映日荷花别样红，还是秋日萧索残荷夕照，六角小亭皆可尽纳。亭中有抱柱联："四壁荷花三面柳，半潭秋水一房山。"苏州狮子林中的双香仙馆、荷花厅也是赏莲

① 刘侗，于奕正.帝京景物略 [M].孙小力，校注.上海：上海古籍出版社，2010：425.

佳处。双香仙馆中所谓"双香"是指亭外所植梅花、莲花之香，梅花暗香浮动，莲出淤泥不染，均是君子之花。另外，苏州怡园的藕香榭、耦园的芰梁、艺圃的荷花池也皆是观荷胜地。

我们了解的私人园林多在江南，相关文献也多出自江南人之手。不过颇为难得的是，在山西的一方碑刻上我们读到了一则北方修建莲池的记载。该碑现存于山西运城解州关帝庙结义园内，上镌刻《新创莲池记》。解州是三国名将关羽故里，解州关帝庙是海内现存规模最大的关帝庙，被誉为"武庙之祖"。这篇《新创莲池记》是解州知州张九州所撰写，记载明代万历四十八年（1620）二月关帝庙修莲池之事："庙前大坊首兴工，张堂尊见坊南隙地数十余亩中一池深丈余，既慨然曰：此地可种莲。因下为川泽，为力甚易也。且被映帝宫，可壮观时已。季春，即远购莲秧数十株，栽其内。彼时不佞执谚说：'莲过谷雨日，载则不花。'堂尊云：'不然也。'未几，生机勃发，渐吐叶，又未几，生一二菡萏，已自称奇，无何花满池开数百十朵，其茂盛若经数载，结莲实大而蕃，凡解乡绅士民及外郡邑香客、行商，望之者无不人人奇异，恍若帝灵助其间者……其莲池水取给南山泉。因连岁沉旱，水不常继，又不欲分士庶灌田之利，命池边凿井二眼以灌之……至堂尊远韵清标雅所称莲花之君子者，解乡绅士民当自有口碑在。存解州关帝庙结义园。"[1] 莲池的出资捐建者张堂尊在关帝庙大坊南面挖掘了一个莲池，并从远方购买了数十株的莲秧。虽然有谚语说"莲过谷雨日，载则不花"，莲还是被坚定的栽下，并开出了茂盛的花朵。也许是解州素来少莲，因此来关帝庙参拜的香客对莲花无不称奇。由于天气干旱，关帝庙莲池取自南山的泉水常不能继，因此张堂尊又出资开凿两口水井为莲池供水。出资者

---

① 张正明，科大卫，王永红. 明清山西碑刻资料选：续一 [M]. 太原：山西古籍出版社，2007：192.

张堂尊执着修莲池，应当首先是出于对莲的喜爱，同时希望莲"被映帝宫，可壮观时已"，烘托关帝庙壮观殊胜的氛围。碑文评价张堂尊"远韵清标雅所称莲花之君子者"，在本地颇有口碑。在江南并不需要很费力就能完成的莲池工程，在解州却用了一年多的时间，直到天启元年（1621）三月整个工程才彻底完成，其间耗费不小的人力和财力，颇为不易，在本地有不小的影响，因此会专门请知州撰文，刻碑记载此事。这段文字也成为我们探寻古代莲种植情况难得的文字材料。

（二）莲与插花

以莲插花兴起于六朝，源自佛前供花。《南史·晋安王子懋传》记载，"晋安王子懋，字云昌，武帝第七子也，谦让好学。年七岁时，母阮淑媛尝病，危笃，请僧行道，有献莲花供佛者，众僧以铜罂盛水渍其茎，欲花不萎。子懋流涕礼佛曰：'若使阿姨因此和胜，愿诸若使阿姨因此和胜，愿诸佛令花竟斋不萎。'七日斋毕，花更鲜红。视罂中，稍有根须，当世称其孝感。"[1] 晋安王萧子懋七岁时，母亲阮淑媛生病，因此请来僧人，僧人用铜器皿盛水，放置莲花，延缓其枯萎，供于佛前，以花祈福，七日斋戒过后，莲花更红，并且生出根须，世人认为是萧子懋的孝心所至。这是我国有关水养切花的最早记载。江苏南京甘家巷梁萧景墓神道柱柱额侧面有线刻画，刻一位比丘手捧瓶花的图像，瓶中所插之花亭亭直立，花头与南北朝时期敦煌壁画中的莲花颇为一致（图4-7）。[2] 萧景是梁武帝从弟，与萧子懋年代接近，因此萧景墓神道柱线刻画中

---

① 李延寿.南史：卷四四齐武帝诸子 [M].北京：中华书局，1975：1110.

② 金琦.南京附近六朝陵墓石刻整修纪要 [J] 文物，1959(4)：26-31.

的莲插花可与《南史》萧子懋莲插花一事互为注解。

图 4-7　南朝　江苏南京甘家巷梁萧景墓神道柱柱额侧面线刻画
（图片引自《南京附近六朝陵墓石刻整理纪要》，
载《文物》1959 年第 4 期）

此后的发展中，以莲插花从最初的供佛逐渐向世俗社会延伸，走向宫廷贵族、缙绅士庶的日常生活中。陕西西安发现有唐太宗之女长乐公主墓，该墓甬道东壁绘持物的仕女，其中一名侍女手捧鼓腹侈口长颈瓶，瓶中插着一枝绿色莲蓬和一茎初绽的红莲（图 4-8）。[①] 唐代宗室贵族墓的壁画是为对皇家宫苑和贵族府邸生活的一种模拟，从中我们也可推测到唐代贵族日常生活中插花的使用状况。

---

① 陈志谦. 唐昭陵长乐公主墓 [J]. 文博，1988(3)：10—30，97—101.

图 4-8　唐　陕西省礼泉县长乐公主墓室壁画《捧莲瓶侍女》
（图片引自《昭陵唐墓壁画》，文物出版社，2006 年）

　　两宋时期，插花风气兴盛。宋代《西湖繁胜录》记载："虽小家无花瓶者，用小坛也插一瓶花供养，盖乡土风俗如此。"[①] 插花已进入千家万户，由天子至庶人，人人爱花，概莫能外，甚至汴梁城的酒肆茶馆也以插四时花卉来招揽顾客。在这一背景下，莲插花的现象更为丰富。南宋杨万里有诗作《瓶中红白二莲五首·其一》："红白莲花共玉瓶，红莲韵绝白莲清。空斋不是无秋暑，暑被花销断不生。"诗中描述玉瓶之中，红莲艳丽，白莲清新，在幽静的书斋之中与主人一同领略光阴的流转，寒暑的变化。杨万里《瓶中红白二莲五首·其五》："折得荷花伴我幽，更搴荷叶伴花愁。孤芳欲落偏多思，一片先垂半不收。"诗作描写了插到瓶中之花一般只寥寥数朵，甚至一朵。比起池中满目的莲花，

<hr>

① 西湖老人. 西湖繁盛录 [M]. 北京：中国商业出版社，1982：10.

瓶中的"孤芳"更能被人仔细欣赏，即使一片花瓣垂落也能被主人敏锐捕捉。传为盛唐画家吴道子的佛画《送子天王图》，描绘一侍女手捧瓶插莲花的形象，目前学术界多数观点认为其应当绘制于宋代，是吴道子的托名之作，从中展现的是宋代莲插花的面貌（图4-9）。

图4-9 （传）唐 吴道子《送子天王图》
纸本水墨，纵35.5厘米，横338.1厘米
日本大阪市立美术馆藏
（图片引自《吴道子送子天王图》，浙江人民美术出版社，2021年）

《送子天王图》主要描绘释迦牟尼诞生后，其父母怀抱他"往谒天祠"的场景。现代研究者经考证确定，该画中的衣冠服饰等方面显示出了明显的宋代特征，因此该画应当是绘制于宋代的一幅吴道子传派作品。画中一名侍女双手捧莲插花一瓶，展现了宋代莲插花的状况。

明清时期，随着经济发展，商业繁荣，插花艺术日益兴盛，这也带动了插花理论的繁荣。张谦德《瓶花谱》、袁宏道《瓶史》、高濂《燕闲清赏笺》、文震亨《长物志》、何伟然《花案》等著作，都对莲花插花的艺术有所记载。明代文学家袁宏道的《瓶史》，对插花构图、保养、品第、花器、配制、环境、欣赏、花性等诸多方面细致论述，对莲花插花也有专论，如谓"莲花，碧台锦边为上""莲花以山矾、玉簪为婢"①。此外，文震亨《长物志》讲到莲花品种和插花器具："藕花池塘最胜，或种五色官缸，供庭除赏玩犹可。缸上忌设小朱栏。花亦当取异种，如并头、重台、品字、四面观音、碧莲、金边等乃佳。白者藕胜，红者房胜。不可种七石酒缸及花缸内。"②高濂《燕闲清赏笺》插荷花的方法："将乱发缠缚折处，仍以泥封其窍，先入瓶中至底，后灌以水，不令入窍。窍中进水则易败。"③用乱发将荷花断折之处缠住，再用泥封茎上的孔隙，先放入瓶底再注水，不要使水进入茎的孔中，这样花便开得长久。陈继儒《小窗幽记》说，"插花着瓶中，令俯仰高下，斜正疏密，皆存意态，得画家写生之趣方佳"。④陈继儒精于书画，与晚明大画家董其昌为挚友，对绘画之道的认识颇为精深。古代绘画讲究"六法""六要"，法度颇多，插花发展到明代更讲求法度，"分品列第"有了更高的形式美的追求。

明代绘画中保留了颇多的插花图像。明代中期的苏州画家沈周绘制有《瓶荷图》，画面描绘一只铜壶，里面插三枝莲花、三茎莲叶，画面构图中正饱满（图4-10）。画面上方沈周写了一大段题跋，记载了这幅画的绘制缘由：成化二十一年（1485）五月十八日，沈周在家中设了一场荷花燕，即一场以赏荷花为主旨的聚会。参加聚会的有淮阳的文士赵中美、苏城的韩宿田、昆山的黄德敷。为了这场聚会沈周特地采来荷花，将花、叶各三枝插入一个铜壶中。沈周的家乡"襟带五湖，控接原隰，有亭馆花竹之胜，水云烟月之娱"，荷花是常见花卉，沈周画中也屡屡

① 袁宏道. 瓶史 [M]. 南京：江苏凤凰文艺出版社，2016：172，240.

② 文震亨. 长物志图说 [M]. 海军田君注释. 济南：山东画报出版社，2004：86.

③ 高濂. 燕闲清赏笺 [M]. 杭州：浙江人民美术出版社，2012：160.

④ 陈继儒. 小窗幽记 [M]. 北京：中华书局，2008：296.

出现荷塘。瓶中的荷花，经过沈周的精心布置后，"花叶交错，止六柄而清芬溢席""风致不减池塘间"。前来雅集的宾客环坐于周围，"壶置席之中，四面举见花，甚可乐客，客亦为之为乐"，席间虽"燕无丝竹"，但宾客觞酒赋诗，兴味盎然，"迨暮始散"，并且当时所赋之诗应当都是以荷花为题，题跋上抄录了沈周作的诗：

> 花供娟娟照玉卮，红妆文字两相宜。
>
> 分香客座须风细，倾盖林亭要日迟。
>
> 仙子新开壶里宅，佳人旧雪手中丝。
>
> 便应此会同桃李，酒政频教罚后诗。
>
> 又得先生画与诗，作于成化二十年。

图 4-10　明　沈周《瓶荷图》
纸本设色，纵 114.3 厘米，横 60.7 厘米
天津博物馆藏
（图片引自《明画全集·第四卷·第一册·沈周》，浙江大学出版社，2019 年）

沈周插置的荷花并非名贵，在其家乡随处可见，但正如明代陈继儒在《小窗幽记》中所说："瓶中插花，盆中养石，虽是寻常供具，实关幽人性情。若非得趣，个中布置，何能生致！"[①] 对文人士大夫来讲，插花重要的并不在于奇葩异卉，而在于个中人情意趣。沈周家住苏州相城西庄，从沈周的祖父沈澄时，沈家就是三吴名士竞相往来之地，沈周家的西庄雅集引领一时风尚。沈周组织的这场"荷花燕"宾客觞酒赋诗，良辰佳时，风致清嘉，普通的瓶荷入画，沈周借以传达的是文人独有幽情逸性。

清代宫廷画家郎世宁也画有一张瓶插莲花，名为《聚瑞图》（图4-11），这张画与沈周的《瓶荷图》有着不同的意趣。郎世宁是意大利耶稣会传教士，在康熙五十四年（1715）来华，曾历任康雍乾三朝宫廷画家。《聚瑞图》绘制于雍正元年（1723），画面右上方郎世宁题识云："聚瑞图。皇上御极元年，符瑞迭呈。分岐合颖之谷，实于原野；同心并蒂之莲，开于禁池。臣郎世宁拜观之下，谨汇写瓶花，以记祥应。"题跋中的"御极元年"指的是皇帝即位伊始的雍正元年，皇帝刚刚继位，就频频出现祥瑞之兆：田野里结出了"合颖之谷"，也就是一茎生两穗的禾苗。皇宫的水池中开出了一茎生两花的并蒂之莲。"并蒂之莲，开于禁池。臣郎世宁拜观"只是虚写。不过插花本就是撷取自然，创造新兴之美，用以寄托情思，郎世宁就是利用插花的这一特性，根据寓意需要，将并蒂莲、双头莲蓬、合颖谷、茨菇等具有祥瑞之意的植物共插置于一个天青釉宋代官窑瓶中，虽然未必真实，但也并不违背插花逻辑。在悠久的和深入人心的"瑞应"历史观念背景下，皇帝和画家都熟悉《聚

---

① 陈继儒.小窗幽记 [M]. 北京：中华书局，2008：311.

瑞图》包含着隐喻的密码，尽管画家是从意大利来的传教士，他也深入地浸淫到中国的瑞应文化中，取插花"诸瑞齐聚"之意，用隐含的方式体现了对新皇帝的颂扬。

图 4-11　清　郎世宁《聚瑞图》
绢本设色，纵 173 厘米，横 86.1 厘米
台北故宫博物院藏
（图片引自《故宫书画图录·卷十四》，台北故宫博物院，1990 年）

并蒂莲被视为祥瑞之象，有着悠久的历史。魏晋南北朝时期，地理博物类、杂史志怪类书籍乃至正史中均有并蒂莲的记载。《宋书·符瑞志》记载："元嘉二十年六月壬寅，华林天渊池芙蓉二花一蒂，园丞以闻。""元嘉十七年十月，浔阳弘农祐几湖，芙蓉连理，临川王义庆以

闻。”“元嘉二十二年七月东宫元圃园池二莲同干，内监守舍人宫勇民以
闻。”① 宫廷或地方上出现并蒂莲被视为祥瑞，需要上报给朝廷，对帝王
来讲祥瑞就是“天”，因其懿德感召而降示的验证凭信。在民间也有数
量众多的关于并蒂莲带来祥瑞的记载。元代《琅嬛记》记载：“陈丰与
葛勃屡通音问，而欢会末由，七月七日，丰以青莲子十枚寄勃，勃啖未
竟，坠一子于盆水中，有喜鹊过，恶污其上，勃遂弃之。明早有并蒂花
开于水面，如梅花大。勃喜曰：‘吾事济矣。’取置几头，数日始谢，房
亦渐长，剖之，各得实五枚，如丰来数。即书其异以报丰，自此乡人改‘双
星节’为‘双莲节’。”② 葛勃的朋友陈丰寄来十粒莲子，葛勃没有吃完，
一粒莲子不巧掉入水中并被喜鹊污染了，葛勃便将之舍弃。不想第二天
这粒莲子竟开出了并蒂莲，几日之后莲蓬成熟，一共得到十粒莲子，与
朋友陈丰寄来的莲子数一样多，乡人惊讶于这一神奇的祥瑞时间，于是
将“双星节”（即七夕节）改称为“双莲节”。③《苏州府志》记载：“成
化辛卯苏州府学池中莲一茎二花，明年吴宽状元及第。”④

（三）莲的纹饰

相较于其他艺术形式，莲的纹饰在社会上使用范围更为广泛。莲

---

① 陈梦雷等.古今图书集成.博物汇编草木典.莲部 [M].蒋迁锡，重辑.上海：
上海译文出版社，1998.
② 陈梦雷等.古今图书集成.博物汇编草木典.莲部 [M].蒋迁锡，重辑.上海：
上海译文出版社，1998.
③ 陈梦雷等.古今图书集成.博物汇编草木典.莲部 [M].蒋迁锡，重辑.上海：
上海译文出版社，1998.
④ 陈梦雷等.古今图书集成.博物汇编草木典.莲部 [M].蒋迁锡，重辑.上海：
上海译文出版社，1998.

常被作为器物造型或器物装饰而出现。如果从材质来看，莲纹饰可以运用到青铜、金、银、玉、瓷、犀角、玛瑙、竹、木、纺织品等上。如果从功用来看，应用对象可以是杯、盘、壶、罐等饮食器具；可以是衣、冠、服、饰；可以是厅、堂、楼、阁等居室环境；可以是桌、椅、床、柜等家具；还可以是笔、墨、纸、文房用具等。这些物品的使用者跨越帝王贵胄、缙绅大夫、文人雅士、平民百姓等社会阶层。由于应用对象极为丰富和多元，莲纹饰的面貌也异常丰富多样。纹饰一个最基本的功能是提供装饰，提升物品带给我们的愉悦感，但纹饰并非只有装饰功能，它还有深层的文化含义，包含观念、道德、宗教的内涵或隐喻，只不过这些含义的传达不是依靠文字去说教，也不像有些绘画那样旨在触发人们的沉思。纹样在人们的周围构建出了一个有意义的世界，这个世界将人们安置在一个理想的、适宜的、自洽的秩序之中，观者在触目之际，或玩赏留恋之中会不自觉地受到纹样所形成的意义或秩序的影响。新石器时代仰韶文化的陶器上就已经出现莲纹，商周青铜器、汉代画像砖中也可见莲纹样。魏晋南北朝时期佛教兴盛，带动莲纹饰进入一个迅猛发展时期。在佛教艺术中莲纹饰触目皆是，在非佛教的世俗艺术中莲纹饰日渐流行。随着历史的推进，莲成为中国艺术中最常见的纹饰，莲纹饰的使用日益丰富和多元，这与佛教日益中国化、世俗化的发展特点相关，也是社会生活中莲文化持续发展、莲文化内涵不断增衍所催生的必然结果。

新石器时代就已经有莲的纹饰，考古学家在河南郑州大河村仰韶文化遗址中发现一块陶片，上面绘有一个莲蓬。在注重实用性的史前时代，最为人们所看重的是莲的食用价值，莲蓬提供可食用的莲子，也许正是这一实用的功能，使莲蓬成为史前先民关注的对象。

商周时期，青铜器是这一时期艺术最辉煌、杰出的代表，莲花元素也被应用于青铜器的设计上，尤其以春秋时期的莲鹤方壶最具代表性（图4-12）。1923年，莲鹤方壶出土于河南新郑的李家楼郑公大墓，为一对，现在其中一件收藏于故宫博物院，另一件收藏于河南博物院，两件外观基本一致。收藏于故宫博物院的莲鹤方壶，壶盖被铸成莲花造型，十组双层并列的青铜莲花瓣，舒展地向四周张开，花瓣上布满镂空的小孔。莲瓣之中一只鹤亭亭而立，引吭欲鸣，振翅欲飞。郭沫若对莲鹤方壶有这样的评价："乃于壶盖之周骈列莲瓣二层，以植物为图案，器在秦汉以前者，已为余所仅见之一例。而于莲瓣之中央复立一清新俊逸之白鹤，翔其双翅，单其一足，微隙其喙作欲鸣之状，余谓此乃时代精神之一象征也。此鹤初突破上古时代之鸿蒙，正踌躇满志，睥睨一切，践踏传统于其脚下，而欲作更高更远之飞翔。此正春秋初年由殷周半神话时代脱出时，一切社会情形及精神文化之一如实表现。"① 中国商代、西周初期，青铜器装饰的主体纹样多是变形的、想象的、可怖的动物形象，具有"狞厉之美"。"它们以超世间的神秘威吓的动物形象……体现了早期宗法社会的统治者的威严、力量和意志。"② 春秋时期，经济发展，百家争鸣，思想的空前活跃，文艺繁荣，"如火烈烈"的野蛮恐怖已成过去。青铜器从以往礼制的束缚下解放出来，造型精巧，同时更加自由、更具活力，人间的意兴趣味逐渐居于上风。莲鹤方壶就是这一时代风气的产物，尤其是壶盖上的莲与鹤，取自现实生活中的物象，以近乎自然的手法表现，体现了一种全新的审美趣味。

---

① 宗白华. 美学散步 [M]. 上海：上海人民出版社，2015：38.
② 李泽厚. 美的历程 [M]. 北京：生活·读书·新知三联书店，2009：37.

图 4-12　春秋　莲鹤方壶
通高 118 厘米，口长 30.5 厘米
1923 年河南新郑李家楼出土
故宫博物院藏
（图片引自《故宫博物院藏文物珍品全集·青铜礼乐器》，
商务印书馆，2006 年）

　　汉代莲花纹饰出现于画像砖、画像石、墓室壁画、铜镜等上。例如，山东嘉祥宋山祠堂顶部第 29 石，刻画八瓣莲花纹（图 4-13）；河南密县打虎亭壁画墓券顶上有藻井莲花（图 4-14）；湖南长沙出土的"鎏金中国大宁博局纹镜"镜背钮座饰莲花纹。这些材料显示在佛教东传之前，莲花纹饰在中国已经形成相对固定的造型模式。"中国本土的莲花母题具有'十'字型宇宙空间的意象特征，与长期以来古代中国所关注的'天象'有关。从时间范围看，汉代的莲花纹继承了先秦莲花母题的形式与设计理念，同时，又受到'天人合一''阴阳五行'哲学观的影响。"①

_____

① 兰芳.汉画像莲花纹的意向探源 [J]. 艺术设计研究，2021(5)：96.

汉代日常器具上的莲纹饰，体现了出色的工巧技艺。《西京杂记》记载汉代景象："长安巧工丁缓者，为常满灯，七龙五凤，杂以芙蓉莲藕之奇。"[①] 讲的是都城长安的工匠制作的长明灯，以七龙五凤再配以莲花莲藕作为装饰。从龙凤作为装饰来看，这盏长明灯应当是宫廷或贵族使用的灯。汉代制灯技艺高超，设计精巧，虽然我们今天看不到文中所说的以莲为装饰的灯，但河北满城西汉中山靖王刘胜之妻窦绾墓出土的长信宫灯，江西南昌西汉海昏侯刘贺墓出土的青铜雁鱼灯等实物设计精巧，工艺精湛，由此可想见，《西京杂记》中记载的这盏莲灯也应具有高超的水准，莲已经成为宫廷或贵族阶层所使用的装饰。

图 4-13　汉　山东嘉祥宋山祠堂顶部的八瓣莲花纹拓片
纵 68 厘米，横 107 厘米
（图片引自《汉画像莲花纹的意向探源》，载《艺术设计研究》2021 年 5 期）

该画像石是山东嘉祥宋山祠堂顶部第 29 石，为平面浅浮雕，正中有一圆坑，周沿有一圈密折纹，一圆坑为中心雕刻八瓣莲花，在莲瓣的空隙间，三边均刻两条鱼，另一边刻两个人首蛇身有翅的怪物。石左方题刻 10 行，462 字。这种画像在嘉祥宋山祠堂还发现 7 块。[②]

① 葛洪.《西京杂记》卷一巧共丁缓，三秦出版社，2006：60.

② 朱锡禄. 山东嘉祥宋山 1980 年出土的汉画像石 [J]. 文物，1982（5）：60-70.

图 4-14　东汉　莲花藻井图案壁画（摹本）
高 104 厘米，宽 208 厘米
河南省密县打虎亭 2 号墓出土
（图片引自《中国出土壁画全集·河南卷》，科学出版社，2011 年）

　　该莲花藻井图案壁画位于中室券顶东段，为西起第六幅藻井莲花
图案。深蓝色方形地上绘白色大莲花，花瓣分为两层，外层为八个大
花瓣，内层为八个小花瓣，内外层花瓣尖皆绘成红色。花心为圆形，
用黑色和绿色点出莲子。

　　魏晋南北朝时期，佛教兴盛。莲花在佛教艺术中是被运用得最为广
泛的花卉装饰。保存至今的各大石窟以及单体造像中都有大量的精美莲
花纹饰，美不胜收。图 4-15 是山东青州出土的北魏晚期至东魏的胁侍
菩萨像，菩萨跣足立于圆形仰莲台之上，菩萨身侧一条飞龙凌空降落，
口衔莲茎，莲茎上生出莲瓣，莲瓣中又生出多枝莲茎，皆修长齐整，曲
折上蔓。茎的顶端又生莲叶、莲台，莲叶或卷或舒，刻画细腻。龙和莲
组合形成台座，是青州造像的一个典型特色。龙在本土文化中具有至尊、
祥瑞等含义，出现于外来佛教的造像中，与莲相结合，体现了多元文化
的融合。

图 4-15　北魏晚期—东魏　　胁侍菩萨像
贴金彩绘，石灰石质，通高 110 厘米
山东青州出土
（图片引自《青州龙兴寺佛教造像》，山东美术出版社，2014 年）

　　图 4-16 的莲纹绘制于高窟第 428 窟前室人字坡上。人字坡是敦煌仿汉式木构建筑的形制，人字坡上绘椽子，椽间密布莲花忍冬纹样。莲花居中，有的莲叶上绘有禽鸟动物或者摩尼宝。莲茎细长，波状向上伸

展，装饰忍冬纹花叶。人字坡顶的莲花纹饰具有象征佛国普雨天花，香花供养佛陀的含义。敦煌北朝洞窟藻井也多以莲花图案作为装饰，其造型简洁、质朴，充满生动趣味。

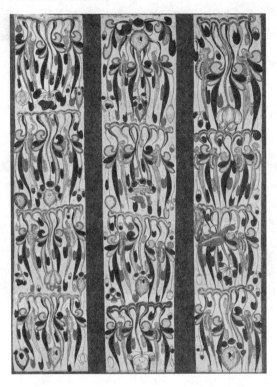

图 4-16　北周　莲荷忍冬摩尼宝禽鸟纹　莫高窟第 428 窟人字坡
（图片引自《中国石窟·敦煌莫高窟一》，文物出版社，1982 年）

图 4-17   北魏   第 431 窟后部平棊顶

（图片引自《中国石窟·敦煌莫高窟一》，文物出版社，1982 年）

　　该藻井为三重套叠方井构架，内层方井中央为圆轮形大莲花，其中心为黑色圆形表示花心，白色圆轮上绘出莲花花瓣，简洁大方。莲花周围方井颜色为淡绿色，代表莲池。内层套斗边饰与中层套斗边饰均为红底，上绘忍冬纹。

图 4-18　西魏　窟顶藻井　莫高窟第 285 窟
（图片引自《中国石窟·敦煌莫高窟一》，文物出版社，1982 年）

　　窟顶中央藻井中心绘一朵莲花，莲花外层为黑色花瓣，内层为白色花瓣。两层花瓣均为勾连卷曲形，虽然简洁，但连绵循环，活泼有趣。莲花处于绿色底色上，上有水涡纹，表示莲池。藻井外层四角白色三角形区域内均画莲花纹，以白、蓝、石绿、黑相映，色彩明快，枝蔓舒展流畅。边饰为忍冬纹。藻井四面装饰双层垂幔。

　　魏晋南北朝莲花纹饰也从佛教艺术蔓延到世俗艺术中，具有代表性的是青瓷莲花尊。中国青瓷在魏晋南北朝时烧造技术成熟，迎来了发展的第一个高峰，青瓷莲花尊是这一时期青瓷器物中的翘楚，也是当时很受欢迎的一种器型，留存至今尚有十余件。图 4-19 是收藏于故宫博物院的一件东晋时期的青瓷莲花尊，器形硕大、纹饰精美、制作工艺复杂，其最大特点在于莲花图式的应用。尊底是一圈外翻的覆莲花，尊腹外鼓，上部为层层外扩的覆莲瓣纹饰，下部则为层层内收的仰莲花瓣，中间是一圈突出的莲花瓣尖。整件器物装饰繁缛华丽，为表现不同的莲瓣，采用了划刻、浮雕、模印和堆塑等技法。图 4-20 是收藏于四川省博物馆的晋朝青绿釉六系覆莲罐，造型颇具特点。器型浑圆，整个器腹的上半部覆盖下垂一朵莲花，造型饱满而简洁，质朴浑厚而不失巧妙。

图 4-19　东晋　青瓷莲花尊

高 21.5 厘米，口径 10.5 厘米

故宫博物馆院藏

（图片引自《故宫博物院藏珍品文物全集·晋唐瓷器》，

商务印书馆，1996 年）

图 4-20　晋　青绿釉六系覆莲罐
高 21.5 厘米，口径 10.5 厘米
四川省博物馆藏
（图片引自《中国美术全集·工艺美术编 1·陶瓷（上）》，
上海人民美术出版社，1988 年）

　　隋唐五代时期，莲纹饰造型更加丰富，并可与其他多种纹饰相搭配，类型更为多元，载体形式也空前多样。这一时期敦煌藻井图案仍以莲花纹为多，样式更多地受到来自中原的影响：形制上，变北朝套斗藻井为宽大的方井；风格上，与北朝简明、质朴的莲花藻井相比，隋唐时期的莲花藻井图案形式繁缛，描绘精丽，华贵绚烂。图 4-21 是莫高窟第407 窟藻井，绘制于隋代，为单一方井形式，井心宽大，中央绘八瓣重层大莲花，花心画盘旋追逐的三只兔子，三只兔子共用三只耳朵，单看每只兔子又分别有两只耳朵，设计得别具匠心。莲花四周蓝底色上，画环绕飞翔的八身飞天，飞天衣带飘举，周围云气飞动，绚烂流转，令人眼花缭乱，极具动感。图 4-22 是莫高窟第 217 窟西壁龛内的一个莲花纹头光，中心为一朵八瓣大莲花，每一个平展的花瓣内套多层花瓣，八个花瓣间隔设色；紧挨大莲花的是一圈桃形莲瓣纹样；再外层是一圈团花纹，一整二半间隔排列；最外层为尖桃形火焰纹。莫高窟第 217 窟这

一头光设计，莲花不做自然形态的形色描绘，而极尽图案设计之能事。

图 4-21　隋　莫高窟第 407 窟顶　三兔莲花纹藻井
（图片引自《敦煌石窟全集·卷 13·图案卷（上）》，商务印书馆，2003 年）

图 4-22　唐　莲花纹头光　莫高窟第 217 窟西壁龛内
（图片引自《敦煌石窟全集·卷 14·图案卷（下）》，商务印书馆，2003 年）

唐五代时期，金银、陶瓷等器物上也有丰富的莲纹饰。图 4-23 是唐代长沙窑青釉褐绿点彩云纹双耳罐，罐子通体青黄色釉，器身图案由褐、绿两色联珠构成，中心为卷云图案，两侧的云气中各生出一茎莲花，亭亭直立，花头刻画虽不十分细腻，但作自然形态描绘，具有写

实意趣。图4-24是收藏于洛阳市博物馆的唐三彩莲花纹罐，罐身装饰
三大朵圆形的绿黄色重瓣莲花纹，花瓣层层平展，贴塑的线条细腻繁
复。唐代越窑青瓷中的莲纹饰呈现出与上述几例所不同的审美意趣。图
4-25a的莲纹样呈中心对称分布，两枝莲花茎叶弯曲舒展，灵动自然，
尤其是莲叶与上述几则纹样中装饰性表现不同，莲叶表现为写实性的自
然形态，充满勃勃生机。图4-25b在粼粼波浪中，两枝莲花舒卷自如，
两尾鱼灵动的追逐其间，充满活泼趣味，一定程度突破了图案化做法，
具有写意之妙。图4-25c的设计更具巧思，圆形纹样，以圆心放射状分
布叶脉，构成一个莲叶纹样，叶脉中心为一只小乌龟，憨态可掬。这些
青瓷莲纹样，并不因为是装饰纹样而显得刻板，比起前代莲纹样更具鲜
活灵动的生命力。在传统本土文化中，鱼、龟都具有吉祥的寓意，它们
与莲纹样相配合，更适应日常的、民俗的图像含义需求。

图4-23　唐　长沙窑青釉褐绿点彩云纹双耳罐

高29.8厘米

江苏省扬州博物馆藏

（图片引自《中国美术全集·工艺美术编2·陶瓷（中）》，

上海人民美术出版社，1988年）

图 4-24　唐　三彩莲花纹陶罐

高 30 厘米

洛阳金家隔出土

洛阳市博物馆藏

（图片引自《中国美术全集·工艺美术编 2·陶瓷（中）》，

上海人民美术出版社，1988 年）

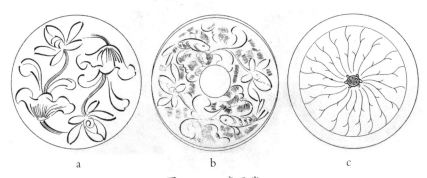

图 4-25　唐五代

越窑青瓷对称莲纹样（a）；越窑青瓷鱼莲纹样（b）；越窑青瓷龟莲叶纹样（c）

（图片引自《中国陶瓷史》，生活·读书·新知三联书店，2011 年）

宋代文人文化兴起，商业和手工业繁荣，市民文化发展，诸多的社会新风尚影响到这一时期莲纹样的面貌。宋代瓷、漆、竹、木等，取代了金、玉等贵重材料，成为社会上层制作日用品的主要材质，促进了低廉材料在制作技术上和美学处理上的提升。莲纹饰在日常生活中运用的频次远超前代，表现方式和审美趣味具有鲜明时代特点，缠枝莲纹、把莲、婴戏莲花等都是这时期常见到的莲纹饰。

文人文化的繁荣使得社会审美风气崇尚文雅沉静，受此影响宋代莲纹饰具有简洁流畅，风格淡雅自如，崇尚自然美的审美特点，现藏于芝加哥美术馆的一件宋代景德镇青白釉水禽形香炉，以莲花为承托，上卧一只昂首高歌的水禽，设计精巧，制作精良，有一种精致素雅之美（图4-26）。

图 4-26　宋　景德镇青白釉水禽形香炉
芝加哥美术馆藏
（图片引自《中国陶瓷史》，生活·读书·新知三联书店，2011 年）

　　宋代商业和手工业繁荣，市民文化发展，莲纹样也体现出市民阶层审美爱好。宋代磁州窑是北方最大的民间瓷窑体系，器型和纹饰为民间所喜闻乐见。图 4-27 是现藏上海博物馆的一件北宋磁州窑白底黑花莲花纹瓷枕。磁枕出现于隋代，一直流行到明清，宋代出现大量磁枕。北宋诗人张耒在《谢黄师是惠碧玉瓷枕》中写道："巩人作瓷坚而青，故人送我消炎蒸。持之入室凉风生，脑寒鬓冷泥丸惊。"写出了磁枕安神凉脑的功效。上海博物馆藏的这件瓷枕采用白釉釉下黑彩划花工艺，磁州窑的一种主要装饰方法是白釉黑彩，而黑彩上再划花又是为磁州窑高档瓷所采用。其工艺过程是在成型的坯上，先敷一层洁白的化妆土，然后以细黑颜料绘制纹样，再用尖状工具在黑色纹样上勾划，露出下面的化妆土，形成白线。这件磁枕以莲花作为枕面装饰，纹样采取左右对称布局，中间绘一茎茨菇，茨菇为水生植物，其"一根生发十二子"加之又与"慈""姑"谐音，具有吉祥含义，从宋代起常与莲组合形成图案。纹饰左右大体对称，两侧各画一朵花头，一片大荷叶，但花叶的细节和角度又略有差异，对称中寓于变化。纹饰白底黑花，再以白线勾勒细节，对比鲜明，疏密有致，生动多姿。宋代磁枕常可见莲纹饰，炎天暑月，磁枕消暑安神，莲为夏季之花，应时应景，绘于枕上，似可携一丝清凉入梦。（图 4-28、图 4-29）图 4-30 为现藏于安徽省博物馆的宋代吉州窑荷花纹梅瓶。

图 4-27　北宋　磁州窑白底黑花莲花纹瓷枕

高 19.5 厘米

上海博物馆藏

（图片引自《故宫博物院藏珍品文物全集·两宋瓷器（上）》，

商务印书馆，1996 年）

北京磁州窑白底黑花莲花纹瓷枕是白釉釉下黑彩划花瓷，枕面上的莲花纹样大体左右对称，黑白对比鲜明。

图 4-28　宋　三彩黑地瓷枕

高 9.9 厘米，面横 35 厘米，面纵 14.8 厘米

故宫博物院藏

（图片引自《故宫博物院藏珍品文物全集·两宋瓷器（上）》，

商务印书馆，1996 年）

宋三彩黑地瓷枕枕面中心开光黑地，一茎分莲花、莲叶两枝，花、叶下一对鸳鸯前后相随，水波粼粼，一派祥和美满，岁月静好的氛围。

图 4-29　元　白地黑花童子赶鸭长方形枕

长 28.5 厘米，宽 16.2 厘米，高 13.4 厘米

磁州窑博物馆藏

（图片引自《枕梦邯郸——磁州窑精品赏析》，广东人民出版社，2011 年）

　　宋代磁州窑传世瓷枕上常见绘制儿童赶鸭图，该件磁枕即是其中一例。枕面开光内，一男童稚气可爱，肩扛一茎荷叶跟在一只鸭子身后，作赶鸭状，着笔墨不多，情趣盎然。

　　宋代装饰纹样还常见"婴戏"题材，"婴戏"是描绘儿童嬉戏的绘画题材，唐代即已出现，到宋代成熟，并在社会上下流行，蔚为大观。这是宋代市民文化繁荣，追求多子多福，喜庆吉祥寓意所引发的结果。"婴戏"题材出现于绘画、陶瓷、纺织品、玉器等各种载体中。宋代瓷器以婴戏为装饰题材的器物颇多，其中相当数量为婴戏与莲的组合，磁州窑、耀州窑、定窑、景德镇等处皆可见到。

图 4-30　宋　吉州窑荷花纹梅瓶
高 29 厘米
1955 年安徽巢县出土
安徽省博物馆藏
（图片引自《中国美术全集·工艺美术编 2·陶瓷（中）》，
上海人民美术出版社，1988 年）

　　宋吉州窑荷花纹梅瓶是吉州窑中的精美之作。莲花、莲叶、莲蓬、
茨菇，连绵不绝，布满整个器身，黑地白花，对比分明，具有民窑瓷
器灵动大气、蓬勃自由的特点。

　　中国在唐代就已经开始有销往国外的外销瓷，到了宋代航海事业发
展，加之宋代在广州、明州（今宁波）、杭州、泉州等地设立"市舶司"
管理对外贸易，促进了外销瓷空前繁荣。宋代瓷器外销于东亚、南亚和
西亚，目前在日本、朝鲜、巴基斯坦、菲律宾、马来西亚、文莱等地均
出土了宋代的外销瓷器。明清时期由于世界贸易的发展、郑和下西洋、
航海技术发展等因素的促进，外销瓷不但大量输出到亚洲、非洲各国，

而且自明代晚期开始销往欧洲诸国。伴随着外销瓷，中国的莲纹饰也传播到了世界各地（图4-31）。

图4-31　清　景德镇青花帆船团花口盘
上海博物馆藏
（图片引自《海帆留踪：荷兰倪汉克捐赠明清贸易瓷》，
上海书画出版社，2009年）

元代最具标志性的莲纹饰是在青花瓷上。青花瓷的历史可上溯至唐代，江苏省扬州市观音阁即出土有唐代白瓷蓝彩折枝牡丹如意碗残器。青花瓷在元代达到成熟，至明清两代生产达到鼎盛。元明清时期代表性的瓷器除了青花瓷外还有釉里红、黄釉、斗彩、珐琅瓷、粉彩等，在这些瓷器类型中，莲均是其中常见的主题纹饰。元明清时期，莲纹饰的丰富程度达至历史的最高峰，有缠枝、折枝、串枝、把莲、莲池等多种形态，还常与鱼、鸳鸯、鹭鸶等形成组合型纹饰。（图4-32至图4-35）

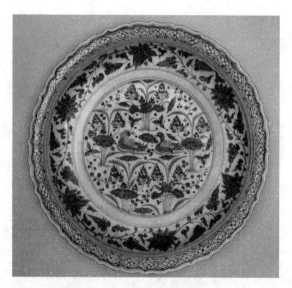

图 4-32 元 青花鸳鸯莲纹花口盘

高 7.3 厘米，口径 46.4 厘米

故宫博物院藏

（图片引自《故宫博物院藏文物珍品全集·青花釉里红（上）》，
商务印书馆，2008 年）

元青花鸳鸯莲纹花口盘为菱花盘口，盘心绘莲池鸳鸯纹，莲池纹为元代青花常见纹样，常与水禽、鱼组合搭配。该盘画数丛莲花，呈对称的束状生于水中，作几何装饰性处理。盘心外绘一圈缠枝莲纹，莲叶处理为元代常见的葫芦形叶。

图 4-33　元　青花鱼藻纹罐

高 31 厘米，口径 21 厘米，足径 20.3 厘米

故宫博物院藏

（图片引自《故宫博物院藏文物珍品全集·青花釉里红（上）》，

商务印书馆，2008 年）

　　鱼藻纹指由鱼、水草、莲、浮萍等组成的纹样。有研究者将鱼藻纹来源追溯于北宋末年宫廷画家刘寀，他曾画《戏藻群鱼图》。宋代磁州窑和景德镇瓷器中已有鱼藻纹，元青花中鱼藻纹更为丰富。

图4-34 明 青花莲瓣纹盘

口径19.5厘米，底径5.5厘米，通高5厘米

苏州文物商店藏

（图片引自《故宫博物院藏文物珍品全集·青花釉里红（中）》，

商务印书馆，2009年）

　　明青花莲瓣纹盘为莲花造型，呈十六瓣花口。器心书梵文，盘口内各花瓣内饰垂云纹，外壁花瓣上层以梵文和花卉交替进行装饰，下层莲瓣做凸起造型，并画出筋脉。底部书双行楷书"大明万历年制"款。

图 4–35　明　青花八仙梅瓶
口径 5.7 厘米，底径 9.5 厘米，高 32.4 厘米
故宫博物院藏
（图片引自《故宫博物院藏文物珍品全集·青花釉里红（中）》，
商务印书馆，2009 年）

　　明青花八仙梅瓶短颈、圆肩、敛腹。器身以如意云头纹间隔成三段通景图，分别为八仙庆寿、四季花卉、海兽纹，头、肩辅助以缠枝莲纹景地。构图别致，制作精良。

　　除了陶瓷之外，莲的图案在其他日用器物及服饰用品上应用也十分普遍。明清时期留下较为丰富的莲造型、莲纹饰的实用物品，包括服装、纺织品、首饰、器具等。这些莲纹饰往往具有吉祥美好的寓意。一茎荷叶与一枝荷花组成的图案寓意"一品清廉",象征身居高位而廉洁自爱;荷莲、童子、鲤鱼组成的图案寓意"连年有余";喜鹊和莲叶或莲蓬组成的图案包含"喜登连科"的祝愿;荷、盒、灵芝组成的图案寓意着"和合如意";莲蓬因多籽,又谐音"连"字,又有"连生贵子"的含义(图4-36);鞋样上的莲图案,有着"脚蹬莲,子孙贤"的说法。

图 4-36 明 青花连生贵子团花纹碗
口径 15 厘米,底颈 5.1 厘米,高 4 厘米
故宫博物院藏
(图片引自《故宫博物院藏文物珍品全集·青花釉里红(中)》,
商务印书馆,2009 年)

图 4-37　清　五彩金鹭莲纹凤尾尊

高 44 厘米，口径 22.5 厘米，足径 13.5 厘米

故宫博物院藏

（图片引自《故宫博物院藏文物珍品全集·珐琅彩·粉彩》，

商务印书馆，2008 年）

　　五彩全鹭莲纹凤尾尊颈部、腹部均绘荷塘莲花、莲蓬、莲叶、蜂蝶，腹部又绘鹭鸶。鹭鸶与莲花同时出现的题材，被称作"鹭莲纹"。由于莲与"廉"谐音，因此"鹭莲纹"有"一路清廉"的美好寓意。

图 4-38　明　缂丝鸳鸯戏莲纹包首
长 24.4 厘米，宽 22 厘米
故宫博物院藏
（图片引自《故宫博物院藏文物珍品全集·明清织绣》，
商务印书馆，2005 年）

　　缂丝为一种"通经断纬"的传统的丝织品类，缂丝十分珍贵，有"一寸缂丝一寸金"的说法。传统书画卷轴、手卷卷起来后会用纺织品进行包裹，起到保护作用，包裹用的纺织品被称为"包首"。据档案记载，这件缂丝鸳鸯戏莲纹包首是《唐人春宴图》卷之包首。包首中央为一束莲花，其下有水波湖石，莲上一只鸳鸯戏水，半空中一只鸳鸯飞舞，即使一幅莲塘美景，也寓意生活美满，夫妻和睦。

图 4-39　清　石青缂丝八团金龙夹褂绣片
故宫博物院藏
（图片引自《故宫博物院藏文物珍品全集·明清织绣》，
商务印书馆，2005 年）

　　此绣片缀补于石青缂丝八团金龙夹褂上，为八团花之一。该夹褂为清代皇元孙福晋、镇国公夫人、辅国公夫人等所穿吉服。团花中央为"寿"字纹，中央上方为云头磬，两侧双龙对出，双龙足勾莲花纹。团花为轴对称纹样，庄重典雅。

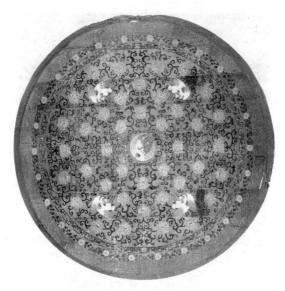

图 4-40　清　黄漳绒万字边五鹤莲花圆地毯

直径 623 厘米

故宫博物院藏

（图片引自《故宫经典·故宫藏毯图典》，紫禁城出版社，2010 年）

　　漳绒是一种起绒织物，因起源于福建省漳州市，故名"漳绒"。该件漳绒制品为清宫旧藏，圆毯以明黄为底色，上面密布缠枝莲纹；圆毯中央为一飞鹤图案，周围分布四只飞鹤；圆毯边缘为一圈万字纹图案。

图 4-41　清　八成金錾花八宝

通高 12 厘米，长 9.5 厘米，宽 4.2 厘米

故宫博物院藏

（图片引自《金银器的錾刻与花丝——以故宫文物修复为例》，

载《紫禁城》2009 年 9 期）

明清时期十分流行八宝纹，是藏传佛教中的八件宝贝，即宝轮、法螺、宝幢、伞盖、莲花、宝瓶、金鱼、盘长，莲居其一。这套金錾花八宝，共八件，均为镂空牌式。牌下作双销，插于所配紫檀木座孔洞内。

图 4-42　清　白玉荷叶式笔洗

高 4 厘米，长 9.1 厘米，宽 5.7 厘米

故宫博物院藏

（图片引自《故宫经典·文房清供》，紫禁城出版社，2009 年）

白玉荷叶式笔洗作拟形器，器身为蜷曲的荷叶造型，一茎纤细的莲蓬贴靠于荷叶边，莹润的玉石与简洁流畅的荷叶造型相得益彰，显得清新文雅。历代砚台、笔洗、笔筒等文房用具以莲为造型的不在少数，莲清雅的姿态、高洁的品质，与文人追求的人格和理想的审美高度契合。

元明清时流行一种名为"满池娇"的纹样，这一纹样产生的时间不晚于宋代，并长期盛行不衰。元代柯九思《辽金元宫词》记载，天历二年（1329）端午，元文宗御制诗一首赐予鲁国大长公主，鲁国大长公主既是皇后的母亲，也是自己的姑姑。诗中写道"观莲太液泛兰桡，翡翠鸳鸯戏碧苕。说与小娃牢记取，御衫绣作满池娇""天历间御一多为池塘小景，名曰满池娇"[①]。这些记载讲的是皇帝泛舟液池，因喜爱碧波粼粼、禽戏水草的美景，因此让绣衣局的绣娘在御衣上绣上池塘小景，名叫"满池娇"，天历年间的御衣多绣此纹样。"满池娇"除了运用于刺绣和纺织品外，在首饰、剪纸等处也常可以见到。明代四川平武土司王玺家族墓王文渊夫人墓中出土的一件金分心便是"满池娇"的造型（彩图6）。

通过与实用物品相结合，使得"莲"纹饰与人们的日常生活密切相连，具备了更广泛的传播范围，给人以潜移默化的影响，体现了历史上人们普遍的信仰的底色。莲的这些观念和寓意今天仍旧被我们使用，体现了中华文化一以贯之的积极美好的愿望，以及生生不息的强大的生命力。

（四）莲与绘画艺术

古代绘画关于莲的作品十分丰富。无论在宗教题材画，还是文人画、版画、民间年画等，都可从中看到对莲的表现。

汉代的画像砖中就出现了采莲的画面，表现手法简练、写意，与汉乐府诗《江南》的意境相通，均是轻松、欢快的民间采莲场景的写

---

① 柯九思等 . 辽金元宫词 [M]. 北京：北京古籍出版社，1988：4.

照。文学上将莲与女子相比拟早在先秦《诗经》中就已开始，但绘画中表现这一关系到东晋才出现，并且是受到文学的影响。东晋画家顾恺之根据曹植的《洛神赋》绘有《洛神赋图》（图 4-43）。《洛神赋》叙述了曹植想象的自己与洛神的哀婉的爱情故事，在赋中曹植对洛神的美貌描述道："远而望之，皎若太阳升朝霞；迫而察之，灼若芙蕖出渌波。"描写了洛神的美丽，远远望去，皎洁明丽，像太阳初升满天云霞；离近了看，风姿绰约，如同绿波之上亭亭而立的莲花。顾恺之的《洛神赋图》对这段文字进行了忠实的图像诠释：洛神凌波微步于洛水之上，空中一轮红日升起于云霞之中，洛神身侧数朵莲花盛开于水面。区别于汉代画像砖对莲的简洁表现，《洛神赋图》中，莲花的每一个花瓣，莲叶的大小、茎脉均被细致表现。莲，娉婷而立的袅娜神韵跃然于画面。与同时期佛教艺术中众多的莲花形象所不同的是，《洛神赋图》中的莲并非佛教含义的象征，而是延续文学中"美人之喻"的传统，体现世俗生活中的莲。它们少了宗教艺术中超越凡尘的圣洁之气，却可让我们感受到莲的现实之美。

图 4-43　东晋　顾恺之《洛神赋图》局部
绢本设色，纵 27.1 厘米，横 572.8 厘米
故宫博物院藏
（图片引自《故宫博物院藏品大系·绘画编 1·晋隋唐五代》，
紫禁城出版社，2008 年）

　　魏晋南北朝是佛教美术的繁荣期。佛教传入中国后，作为佛教的圣花，莲在绘画和雕塑中更是无处不在。莲花借助佛教成为众多花卉中图像数量最为庞大，形象最为丰富的花卉。魏晋南北朝时期中国佛教美术进入繁荣发展期。敦煌石窟、云冈石窟、龙门石窟、响堂山石窟等各大石窟都留下了丰富的佛教美术遗存。云冈石窟是北魏皇室开凿的皇家石窟，第 20 窟类属著名的"昙曜五窟"之列，是孝文帝汉化改革之前的代表性洞窟。该窟主尊佛像背光右侧有一身飞行中的飞天（图 4-44），飞天头戴花冠，配戴项圈，左手于胸前轻轻托着一朵莲花。由于处于佛教石窟的初创期，加之鲜卑族的审美好尚，飞天的造型显得僵硬、朴拙，手中的莲花刻画得也十分简练，初具形态，却有浑厚朴实之美。北魏孝文帝汉化改革之后，由于受到南朝"褒衣博带""秀骨清像"造型的影响，北魏佛教造像风格变得飘逸灵动。莫高窟第 248 窟的飞天与莲花壁画体现了这一特点。莫高窟第 248 窟前部人字坡顶的两椽之间绘制有飞天，飞天轻身舞动于虚空之中，每位飞天身下皆有莲花一株。与云冈石窟第 20 窟飞天相比，莫高窟第 248 窟的这些飞天（图 4-45），身体颀长，姿态婀娜灵活，衣带飘举，满壁风动。飞天身下的莲花形象受到忍冬纹影响，莲茎纤细，呈 S 形生长，叶片秀丽舒展，水滴形的莲瓣轻盈下垂，形态灵动优美。

图 4-44　北魏　云冈石窟第 20 窟　主尊佛像背光右侧飞天
（图片引自《中国石窟·云冈石窟（一）》，文物出版社，1982 年）

图 4-45　北魏　莫高窟第 248 窟　前部人字坡顶（局部）
（图片引自《中国石窟·云冈石窟（一）》，文物出版社，1982 年）

隋唐时期中国佛教美术进入了全盛期，展现出一派盛世气象。敦煌壁画色彩明艳、造型饱满开张。敦煌这时出现了一种规模宏大的经变画，用以描绘某一部甚至某几部有关佛经的主要内容。经变画内容丰富，形式多样，万花筒般的社会生活，可以从中反映出艺术家之奇思可以在此领域驰骋，莲花在经变画中也得到了前所未有的丰富展现。敦煌榆林窟第25窟，约为吐蕃占领瓜州以后建造，主室南壁绘观无量寿经变，根据《观无量寿经》绘制（图4-46）。

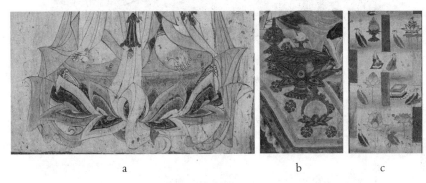

图4-46　唐　榆林窟第25窟南壁《观无量寿经变》莲花细节
菩萨莲座，佛前所供莲花造型的法物（a）；莲花作装饰的摩尼宝珠（b）；
十六观中亭亭玉立的莲花（c）。
（图片引自《敦煌石窟艺术·榆林窟第二五窟》，江苏美术出版社，1995年）

宋元时期绘画发展呈现了更为多元的面貌：宗教绘画仍然流行；宫廷绘画成就斐然；文人绘画成熟，影响日益广泛。莲题材的绘画也异彩纷呈。在宫廷画领域，即使是宋徽宗赵佶也描绘莲传情达意。宋徽宗的《池塘秋晚图》（图4-47）画秋日荷塘之景，荷叶已枯萎残破，但不萧瑟，白鹭、水鸭活动其中，仍有盎然生机。南宋宫廷画家吴炳所绘的《出水芙蓉图》（图4-48）是院体花鸟的精品之作，一朵盛开的莲花几乎占据了整个画面，在绿叶的衬托下，花朵清妍娇美，花瓣晶莹玉润，笔法细腻，赋彩柔美，完美地传达出莲的"濯清涟而不妖"的清容丽态，堪称"为花传神"。元代宫廷花鸟画家张中《枯荷鸳鸯图》(图4-49)，受到宋代兴起的文人绘画影响，以水墨点簇晕染，墨花墨禽能具五彩之妙，劲健洒脱，神完气足。

图4-47　宋　赵佶《池塘秋晚图》(局部)

粉笺本，纵33厘米，横237.8厘米

台北故宫博物院藏

(图片引自《宋画全集·第四卷·第三册》，浙江大学出版社，2021年)

图4-48　南宋　吴炳《出水芙蓉》

绢本设色，纵23.8厘米，横25厘米

故宫博物院藏

(图片引自《故宫博物院藏文物珍品全集·晋唐两宋绘画·花鸟走兽》，
商务印书馆，2004年)

图 4-49　元　张中《枯荷鸳鸯图》

纸本浅设色，纵 96.4 厘米，横 46 厘米

台北故宫博物院藏

（图片引自《故宫书画图录·卷五》，台北故宫博物院，1990 年）

明清时期，关于莲的绘画作品流传至今的数量更多，类型和层次更为多样，展现了不同阶层、不同审美需求的状况。明宣宗朱瞻基作有《莲浦松吟荫图卷》（图 4-50），上题"御笔"二字。宣宗雅好书画，万机之暇，随意点染，颇为精妙。《莲浦松吟荫图卷》分为"莲浦"和"松阴"两段。"莲浦"一段，一茎莲叶旁逸斜出，硕大的莲叶将纤细的莲茎压弯。与莲叶交叉而出的是细长莲茎上的一个饱满的莲蓬，一只黄鹂鸟立于莲茎上，俯身望向一块玲珑小巧的太湖石。画中太湖石、黄鹂鸟提示观者该画描绘的不是荒寒野景，而应当是园林景致，画面用色素净，画法细腻，显示出一位文艺皇帝文雅但不失精致的审美趣味。明朝著名书画家、文学家徐渭笔下的莲率意挥洒，气韵高迈。他的《写意

花卉图卷》（图4-51）中所画的莲离奇脱俗，花叶皆倒悬低垂，使人有颠倒之感。徐渭在花旁的题画诗写道："若耶溪上好风光，无人折取献吴王。西施一病经三月，数向荷花几许长。"诗写得诙谐风趣，出人意表：西施生病三月，无人采莲，若耶溪里的莲花肆意生长，将莲茎压弯，因此花叶低垂颠倒。画面中花、叶表现不拘细节与成法，笔墨元气淋漓，书法落拓放逸，诗、书、画三位一体，激荡人心。

图4-50　明　朱瞻基《莲浦松吟荫图卷》（局部）

纸本设色，纵31.2厘米，横54.5厘米

故宫博物院藏

（图片引自《故宫博物院藏文物珍品全集·院体浙派绘画》，

商务印书馆，2007年）

图4-51　明　徐渭《写意花卉图卷》

纸本水墨，纵29.5厘米，横487厘米

吉林省博物院藏

（图片引自《徐渭书画全集·绘画卷》，天津人民美术出版社，2014年）

在水墨荷花中，清初画家朱耷的《河上花》堪称绝品力作，长卷之上以泼墨大写意的方式将荷表现得肆意奔放，气势苍茫，墨色荷花别样妩媚（图4-52）。清初画家朱耷，号"八大山人"，是明太祖朱元璋第十七子朱权的九世孙，明朝灭后，遁入空门，为保全自己甚至一度佯装疯癫。一生命运起伏，一腔亡国之恨、悲愤积郁之情皆被八大山人倾注于书画中，他称自己的画是"墨点无多泪点多"。正是八大山人独特的人生经历和才情，成就了《河上花》那汪洋肆意的恢宏气势。

图 4-52　清　　朱耷《河上花》（局部）
纸本水墨，纵 47 厘米，横 1292.5 厘米
天津博物馆藏
（图片引自《八大山人精品集》，人民美术出版社，1999 年）

明清时文人画家除了画莲花之外，莲蓬、莲藕也是他们乐于表现的对象。明中期吴门画派沈周的写意花鸟画《花果二十四种卷》中，莲花之旁，绘出两茎莲蓬和一段莲藕（图4-53）。文人绘画标榜清雅淡然，取材果蔬茎苗，可体现生活中的闲适趣味。苏州府长洲县的相城是沈周的家乡，他生于斯、长于斯。相城是水乡泽国，沈周自己称："我家多水少山处。"[①] 在这里莲花触目可见，莲蓬、莲藕也是寻常食物。沈周取

———————

① 　沈周. 题画卷 [M]// 沈周. 沈周集. 上海：上海古籍出版社，2013：92.

之入画，借助画中莲花、莲蓬、莲藕的形象，展现自己淡然的生活以及体悟万物的平和情思。

图 4-53　明　沈周《花果杂品二十种卷》（局部）
纸本水墨，纵 26.2 厘米，横 642.3 厘米
上海博物馆藏
（图片引自《沈周绘画作品编年图录》上卷，天津人民美术出版社，2012 年）

明清绘画中，除了对莲的直接表现外，莲还是体现地域风貌、世人生活情态的重要媒介和元素。明清绘画中，大量涌现出表现地域风貌的"八景""十景"之类的题材，莲是这类题材绘画中的重要元素。江南地域景致代表性的"西湖十景"出现于南宋，南宋祝穆《方舆胜览》一书记载时人流传的"西湖十景"。南宋嘉泰年间宫廷画家马麟绘制有《西湖十景图》，宝祐年间宫廷画家陈清波也画过包括《曲院风荷图》在内的《西湖十景图》。绘画中大量表现"西湖十景"是在明清，如明代戴进、李流芳、蓝瑛等皆画有《西湖十景图》，这些画家皆为江南籍画家，甚至其中大多数为杭州画家，画面传达出他们对江南景致风物的熟谙和喜爱。蓝瑛《西湖十景图》（图 4-54）中《曲院风荷》一幅画湖光山色间，长廊逶迤，水面荷叶点点，柳荫下，游船轻系，两三文人船中悠然畅谈，是江南文人理想生活的投射与写照。清代"西湖十景"题材绘画依

然蓬勃发展，受到帝王垂青的几位宫廷文臣王原祁、董邦达、钱维城、董诰等皆画过《西湖十景图》，并且他们的画中带有鲜明的应制特征和政治意涵，"图绘中的文人画审美意趣被有意识地淡化，与之形成鲜明对比的是，皇权视域下画里江山的意义得到突出强化"[1]。此外，受"西湖十景"的影响，江南其他地方也常取莲主题的景致作为地方景致的代表，如明代苏州画家张宏就绘制有《苏台十二景图册》，其中包括《荷荡纳凉》一幅（图4-55）。

图 4-54　明　蓝瑛《西湖十景图·曲院风荷》

绢本设色，纵 167.5 厘米，横 44.5 厘米

私人收藏

（图片引自中贸圣佳 2012 年春季拍卖会图录）

---

[1] 岳立松. 清代《西湖十景图》的"圣境"展现与空间政治 [J]. 北京社会科学，2016(12)：34.

图 4-55　明　张宏《苏台十二景图册·荷荡纳凉》

绢本设色，纵 30.5 厘米，横 24 厘米

故宫博物院藏

（图片引自《明代吴门绘画》，商务印书馆（中国香港）、紫禁城出版社，

1990 年）

　　明清时期版画达到了空前的高峰，图谱、戏曲、小说插图等各类版画异彩纷呈，这些版画展示了关于莲的一部生动的"社会史"。明代万历年间的版画《环翠堂园景图》（图 4-56）是"徽派版画"代表性作品之一。"环翠堂"是明代戏曲家汪廷讷在故乡休宁县松萝山下修建的一座私人庭园。明代人形容这座园林是"构诸名胜，美丽甲当时，缙绅士人，游者踵至"。莲也出现于汪廷讷的园林生活中。画中"昌公湖"部分，湖面小桥之上一文士伫立，淡然地望向远方，桥下莲花点点，一派文士闲散适宜的气息。"紫竹林"部分，佛殿中妇人参拜观音大士，佛殿外几名妇人带孩童赏小桥流水，荷花于水中朵朵盛开，其中还有一株

并蒂莲花，传达着祥瑞的含义。作为长卷的《环翠堂园景图》具有传统山水画"可居、可游、可行"的特点，我们观看此画也有移步换景的代入感，目光游走于画面，在方寸之间进入古人缓步慢行、香风襟带的天地。在各类戏曲、小说版画插图中，莲或为池塘中园林背景，或为室内插花陈设，或为器物的装饰图案等，均展现了莲在人们日常生活中的参与状况。

a   b

图 4-56　明 《环翠堂园景图》局部之"昌公湖"（a）、"紫竹林"（b）

纸本，纵 24 厘米，横 1486 厘米

（图片引自《环翠堂园景图》，人民美术出版社，2014 年）

在更具实用性和民间性的年画、剪纸、染织刺绣图样中，莲更是被赋予了吉祥的含义，承载了人们朴素而美好的愿望。莲在民间美术中常取"连"或"廉"的谐音；藕还有"多子"的寓意；作为佛教圣花，莲还有护佑的含义。明清以来的天津杨柳青、河北武强、山东潍坊、苏州桃花坞、河南朱仙镇等著名年画产地的木版年画中均不乏对莲的表现。这些年画构图饱满，设色鲜亮，装饰夸张，喜气活泼，表达了民间祈福迎祥的意愿，为社会上下所喜闻乐见。民间美术中的莲，体现了中华民族绵延亘长的理想追求，充满了大胆想象和浪漫色彩，表现得炽热鲜明，具有迷人的、不可替代的光辉价值（图 4-57）。

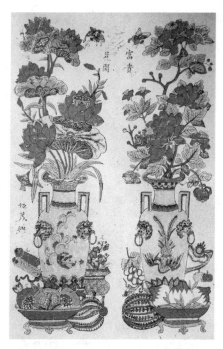

图 4-57　民国　恒茂兴画店《对花瓶·富贵花开》

彩色套印，纵 76 厘米，横 54 厘米

武强年画博物馆藏

（图片引自《中国木板年画集成·武强卷》，中华书局，2009 年）

　　民间美术中常以瓶中插花寓意"四季平安"。画面中的牡丹象征富贵，莲花、莲子象征"连年有余""连生贵子"。果盘中有石榴、仙桃等象征多子、长寿，另有西瓜、葡萄、梅花、如意、卷轴。这种"对花瓶"年画，民间常作对裁使用。

结 语

在中国文化史上，莲象征着美好的爱情、高洁的德行、虔诚的信仰、和美的生活。莲亭亭净植，出淤泥而不染，是君子的德行；莲花盛放时香远益清，霜催残败时，亦留有冷香。莲化身于诗词、书画、器具之中，遍撒于生活的方方面面、角角落落，寄托着人们美好的祈愿。

在中华文明的历史上，莲起自远古，根植华夏大地千年，凝聚着宝贵的传统文化精神。历史深处的莲香，不会因时间流逝而冲淡，莲生命之旺盛恰如中华文明之写照，虽历经风雨沧桑，却能不断萌发新芽，绽放新蕊，迎来今日的欣欣向荣，华彩再续，生生不息！

唐代魏征在《谏太宗十思疏》中道："求木之长者，必固其根本；欲流之远者，必浚其泉源。"回溯莲文化的源头和历史，我们可以从中汲取宝贵的物质财富、精神财富、思想观念、人文内涵。中华民族悠久的文化历史需要我们薪火相传、世代守护，莲的历史与文化是源头活水，其中包含着中华文化生生不息的生命密码，也包含着面向未来的宝贵的动力源泉。

图例索引

图 1-9　明清　陈洪绶、华嵒《西园雅集图》故宫博物院藏

图 1-10　清　佚名《胤禛美人图》故宫博物院藏

图 2-1　明　陈洪绶版画插图《屈子行吟图》

图 2-2　清　乾隆时期吹红釉反白爱莲说诗文观音瓶　观复博物馆藏

图 2-3　（传）南宋　赵伯驹《莲舟新月图》（及局部）辽宁省博物馆藏

图 2-4　元　青花四爱图梅瓶及"周敦颐爱莲"局部　湖北省博物馆藏

图 2-5　明　陈洪绶《写寿图》私人收藏

图 3-1　宋　王诜《莲塘泛艇图》（局部）故宫博物院藏

图 3-2　宋　王诜行书《颍昌湖上诗词卷》（局部）故宫博物院藏

图 3-3　宋　佚名《柳塘泛月图》册页　故宫博物院藏

图 3-4　清　木版年画《红楼梦·藕香榭吃螃蟹》杨柳青李盛兴年画店

图 3-5　宋　佚名《疏荷沙鸟图》册页　故宫博物院藏

图 3-6　宋　佚名《晚荷郭索图》扇面　故宫博物院藏

图 3-7　明　黄凤池《唐诗画谱》版画插图

图 4-1　宋　佚名《江山楼阁图页》故宫博物院藏

图 4-2　宋　冯大有《太液荷风》册页　台北故宫博物院藏

图 4-3　明　刊本《西湖游览志》版画插图《曲院风荷》

图 4-4　明　董其昌《燕吴八景·西湖莲社》册页　上海博物馆藏

图 4-5　宋　佚名《柳塘钓隐》台北故宫博物院藏

图 4-6　明　佚名《万柳塘图》（局部）台北故宫博物院藏

图 4-7　南朝　江苏南京甘家巷梁萧景墓神道柱柱额侧面线刻画

图 4-8　唐　陕西省礼泉县长乐公主墓室壁画《捧莲瓶侍女》

图 4-9　（传）唐　吴道子《送子天王图》日本大阪市立美术馆藏